Die Hohle Erde

Franklin Titus Ives (1828-1910) war ein amerikanischer Autor, der plausible Erklärungen für widersprüchliche Aussagen der Wissenschaft suchte. Sein bekanntestes Werk ist *The Hollow Earth,* das im Laufe der Jahre immer wieder neu aufgelegt wurde.

Über das Buch:

In dieser einfachen gemeinverständlichen Abhandlung werden einige von Wissenschaftlern aufgestellte Theorien überprüft und kritisiert sowie einige neue Theorien vorgestellt werden, die für den Verfasser plausibler sind.

Es bedarf beispielsweise keiner langen Argumentation, um zu zeigen, dass Körper bei solchen Umdrehungen, wie sie die Erde macht, die Tendenz haben, durch die Zentrifugalkraft die schwereren Elemente nach außen zu schleudern, und da dies ein universelles Gesetz bei allen wissenschaftlichen Experimenten des Menschen zu sein scheint, liegt die Vermutung nahe, dass die Zentrifugalkräfte der Erde in ihren Ergebnissen keine Ausnahme darstellen. Da dies der Fall ist, ergibt sich sofort die Vermutung, dass die Erde eine hohle Kugel ist, in der die Menschen durch die Zentrifugalkraft am Boden gehalten werden und deshalb nicht davon fliegen.

Obwohl nicht mehr alle physikalischen Aussagen dem aktuellen Stand der Wissenschaft entsprechen, ist es immer noch ein überraschend lesenswertes Buch, das den Leser in große Verblüffung versetzt.

DIE
HOHLE ERDE

Leben wir im Innern einer Kugel?

VON F. T. IVES

Ursprünglich 1904 erschienen bei
BROADWAY PUBLISHING
COMPANY AT 835
BROADWAY NEW YORK

Neu-Übersetzung 2022

Die Blaue Edition Bd. 25

Bibliografische Information der Deutschen Nationalbibliothek:
Die Deutsche Nationalbibliothek verzeichnet diese Publikation in der
Deutschen Nationalbibliografie; detaillierte bibliografische Daten
sind im Internet über dnb.dnb.de abrufbar

Neuübersetzung 2022
Alle Rechte vorbehalten

© 2022, F. T. Ives

Herstellung und Verlag: BoD – Books on Demand, Norderstedt

ISBN: 978-3-7562-1948-3

Inhaltsverzeichnis

DIE HOHLE ERDE.

I. ANKURBLER.

Kurbeln sind Geräte, die die Dinge umdrehen.

Eine Kurbel, die sich nur halb dreht, bewirkt nicht immer eine große Veränderung und würde in vielen Fällen die Situation nur verschlimmern. Gäbe es keine Kurbeln, wären fast alle mechanischen Geräte unbeweglich.

Die Gedanken und Meinungen der Menschen wären alle gleich, wenn es nicht ein solches Mittel gäbe, um sie aus den alten Vorstellungen, Furchen und Spurrillen herauszuholen, in denen sie lange Zeit schwelgten und sich abmühten. Die Welt kennt Kurbeln, seit unsere ersten Eltern das Tragen von Feigenblättern annahmen und Noah mit dem Schiffsbau begann, als das Wetterbüro wolkiges Wetter und Regenschauer in der Osttürkei vorhersagte. Moses war ein Ankurbler, als er den Verzehr von Schweinefleisch, Salzwasseraalen, Truthahnbussarden, Eulen und allen anderen unreinen Vögeln, Fischen oder Tieren jeglicher Art verbot, aber es besteht kein Zweifel daran, dass diese Gebote kein Fehler von ihm waren.

Die Heilige Schrift bietet eine Fülle solcher Charaktere, aber wenn wir in die jüngere Vergangenheit springen, finden wir solche Ankurbler wie Kopernikus, Galileo, Kolumbus, Newton, Franklin, und im letzten Jahrhundert hat sich die Ankurbler-Familie mit Daguerre, Watt, Howe, Edison, Marconi und Tesla und einer Reihe anderer stark vergrößert, die in einigen der früheren Zeiten als Zauberer und Hexer gehängt oder verbrannt worden wären.

Politische, historische und religiöse Ankurbler sind aufgetaucht, die viele altmodische und absurde Vorstellungen und Überzeugungen der Vergangenheit umkrempeln und auf den Kopf stellen.

Früher waren Ankurbler Gegenstand von Spott und Verfolgung, weil sie versuchten, neue Ideen in die Öffentlichkeit zu tragen. Die Geschichte ist voll von Missbräuchen einiger der besten Gedanken und Entdeckungen, die der Menschheit zuteil wurden.

Angenommen, Kopernikus hätte nie die Schlussfolgerung vertreten und durchgesetzt, dass die Erde rund ist und sich um ihre Achse dreht, und dass diese Bewegung den scheinbaren Auf- und Untergang der Sonne verursacht. Nur deshalb könnten wir bis heute an die Geschichte von Josuas Befehl über Sonne und Mond glauben und uns mit Pfarrer Jasper darauf berufen, dass "De sun do move". Es ist angenehm festzustellen, dass wir in einer Zeit leben, in der neue Gedanken die Menschen nicht ängstigen und wir uns nicht vor dem fürchten, was wir nicht verstehen können, selbst wenn es nicht mit antiquierten Vorstellungen harmoniert, die angeblich 4.000 bis 6.000 Jahre alt sind.

Das bescheidene und obskure Individuum, das sich anmaßt, die wenigen folgenden Seiten mit kruden Ideen anzubieten, mag zu den ferkelhaften Ankurblern gezählt werden, fühlt sich aber dennoch dazu gedrängt, ein wenig nachdenkliche Saat auf ein Thema zu säen, das seines Wissens noch nie diskutiert worden ist; und mit der Hoffnung, dass diese Saat vielleicht auf guten Boden fällt und eine Ernte der Kritik hervorbringt, die letztlich dazu führt, dass ein besserer Geist sie aufgreift und mit dem Erfolg demonstriert, den sie nach Ansicht des Autors verdient.

Um zu beweisen, dass die Erde rund ist, brauchte man viel Zeit und einen großen Aufwand an Verfolgung. Jetzt anzunehmen, dass sie hohl ist, könnte mehr Zeit erfordern als die kurze Diskussion in diesem kleinen Buch. Es ist jedoch zu hoffen, dass die hier dargelegten Ideen in der Aufklärung der Gegenwart Wurzeln schlagen und ein Wachstum in Gang setzen, das in der Zukunft gute Früchte tragen wird. Die Erörterung dieser Frage ist mit einer Aufgabe verbunden, die zu Beginn entmutigend erscheinen mag, wie folgt: Die Axt muss an die Wurzel vieler beliebten und lange akzeptierten Überzeugungen gelegt werden, die von wissenschaftlichen Autoritäten aufgestellt wurden, um die Hauptphänomene von Störungen auf und in der Mutter Erde zu erklären, und um fast alle akzeptierten Theorien zu den folgenden Themen zu stürzen: Die Annahme, dass die Erde in ihrem Inneren sehr heiß ist oder sich in einem geschmolzenen Zustand befindet; die Annahme, dass sie eine feste Kugel ist; die Annahme, dass es einen tatsächlichen Pol gibt; dass Hügel und Berge immer das Ergebnis von Vulkanen sind; dass Vulkane eine primäre oder natürliche Existenz sind; dass lebende Quellen und Seen das Ergebnis von Oberflächeneinflüssen sind; die Theorien über den Golfstrom;

Eisberge und der Eisgürtel, ihre Entstehung; Gletscher, wie sie entstehen;

Gleichmäßiger Zustand des Mittelmeers; Und das Gesetz der Anziehung der Gravitation, Oder dass die Sonne eine Masse von Hitze ist.

II. FEUER UND WASSER.

Die beiden Elemente Feuer und Wasser sind offensichtlich die Quelle aller geschaffenen Dinge.

In dieser einfachen gemeinverständlichen Abhandlung sollen einige von Wissenschaftlern aufgestellte Theorien überprüft und kritisiert sowie einige neue Theorien vorgestellt werden, die für den Verfasser plausibler sind und die er den Beobachtern zur Entscheidung über ihren Wert vorlegen möchte.

Es wird allgemein angenommen, dass die Erde zu Beginn oder in der Nähe ihres Ursprungs eine geschmolzene Masse war, abgesehen von der eher zweifelhaften Schöpfungsgeschichte im ersten Kapitel des Buches Genesis, in dem es heißt, dass der Geist Gottes sich auf der Wasseroberfläche bewegte. Wann oder wie sie erschaffen wurden, wird in der Geschichte nicht erzählt. Wenn man jedoch annimmt, dass das Wasser in einem solchen Ausmaß vorherrschte, dass es Gottes Geist zu einer Reise auf ihm veranlasste, wäre die Vorstellung einer geschmolzenen Erde eher unwahrscheinlich.

Es heißt, dass die Erde seit Tausenden von Jahren einen Abkühlungsprozess durchläuft , aber zu einem weit zurückliegenden Zeitpunkt war sie mit Eis bedeckt und von Gletschern durchzogen.

Es gibt verschiedene Erklärungen für die Phänomene der Eisberge, der Gletscher, der Vulkane, des Golfstroms und dafür, warum sich das Mittelmeer in den Jahrtausenden, die die Geschichte kennt, nicht füllt oder seinen Zustand verändert. Für die Philosophie der Erdbeben, der Vulkanausbrüche, der Wärmezunahme beim Graben in der Tiefe, der artesischen Brunnen, der Quellen und Seen gibt es verschiedene Lösungen, aber in dieser Diskussion wird vorgeschlagen, fast alle akzeptierten Schlussfolgerungen zu diesem Thema in den Papierkorb zu werfen, und, um an die äußerste Grenze der Ankurbelung zu gehen, wird das Gesetz der Anziehung der Gravitation bestritten. Die seit langem akzeptierten Schlussfolgerungen zu den meisten dieser Themen in Frage zu stellen, wäre anmaßend, wenn man sich nicht bemüht, gute und ausreichende Gründe für eine solche Skepsis zu nennen.

Das erste Element, das wir betrachten wollen, ist das Feuer oder die Wärme, ohne die, so scheint es sicher zu sein, nichts von der Erde oder durch die Geräte des Menschen erzeugt werden kann. Um eine Basislinie zu ziehen, von der aus wir arbeiten können, beginnen wir mit dem polaren Zentrum der Erdbewegung. Im Gegensatz zu allen anderen Objekten, die sich ständig drehen, die wir sehen oder kennen, hat die Erde keine Welle, keine Achse oder irgendetwas , das Reibung und damit Wärme erzeugt. Es gibt nur ein Wort in der englischen Sprache, das angibt, was Wärme erzeugt, nämlich Reibung, die sich auf Bewegung berufen kann. Dieser Satz soll nun als Ausgangspunkt dienen. Alle Wärme wird durch Reibung erzeugt, ohne die es keine Wärme geben kann. Diese Behauptung aufgestellt und vermutlich gut etabliert, wie kann es eine zentrale Wärme der Erde geben, die sich um nichts anderes als einen imaginären Mittelpunkt dreht? Kann ein Wissenschaftler erklären, an welchem Punkt die Wärmeerzeugung beginnt? Es scheint genauso schwierig zu sein, den Punkt genau zu bestimmen, an dem die moralische Verantwortung in einem Kind beginnt, oder wann das Rad der Zeit aufhört, sich zu drehen. An welchem Punkt auch immer die Wärme beginnt, ist es anzunehmen, dass sie im Inneren oder nach außen wirkt? Jeder beobachtende Geist kann nur eine Antwort geben.

Um den geschmolzenen Zustand des Erdinneren zu beweisen, wird behauptet, dass die verschiedenen Bohrungen für artesische Brunnen und Ausgrabungen in Bergwerken eine gleichmäßige Zunahme der Wärme mit zunehmender Tiefe zeigen. All diese Steigerungsraten sind an verschiedenen Orten etwas unterschiedlich, aber nicht genug, um jemals die Idee zu verbannen, dass in einigen tausend Fuß Tiefe alles eine flüssige Masse wäre. Dieser Gedanke sollte so absurd sein, dass er ein unverschämtes Bild zum Lächeln bringt.

Betrachten wir einmal, worauf diese Erkundungen im Innern der Erde hinauslaufen. Die üblichen gebohrten oder gegrabenen Löcher sind ausnahmslos weniger als eine Meile tief. Wenn man eine Meile annimmt, sind das 1-4000 der Entfernung zum Zentrum. Stellen Sie sich einen Einstich in eine Orange oder in einen Ball mit einem Durchmesser von acht Zoll vor, der vier Zoll vom Zentrum entfernt ist. Gibt es irgendeinen lebenden Menschen, der ein Loch sehen könnte, das im Verhältnis zu seiner Größe so klein ist wie 1-4000 der Hälfte seines Durchmessers? Wie unbedeutend ein solcher Test. Die Gründe für diese Täuschung werden später bei der Behandlung von Vulkanen genannt.

Auch die Erdoberfläche ist zu mindestens vier Fünfteln mit Wasser bedeckt, das sich in einer Tiefe von einer bis fünf Meilen befindet, einschließlich der Millionen von Quellen, Seen und Flüssen an Land, ganz zu schweigen von den unerschöpflichen Wassermengen, die bei den oben erwähnten Bohr- und Bergbauarbeiten anfallen.

Die tiefsten Erkundungen im Bergbau sind die Salzminen von Polen, die Calumet- und Hecla-Kupferminen und die Comstock Lode. Sie alle sind einer Mineralienlagerstätte auf der Spur, die durch ein weit zurückliegendes Werk der Natur in der undefinierbaren Vergangenheit entstanden ist, als vulkanische oder andere Einflüsse im Labor der Natur ihre Ablagerungen hinterließen. Dies sind die einzigen Orte, die der Mensch erforscht hat, nur unbedeutende Tiefen, und sich extravagante Schlüsse über den Rest des Weges gebildet hat.

Aber kehren wir zurück zu den Ozeanen mit ihren großen Tiefen und ausgedehnten Gebieten, und was finden wir? Es ist dies: Ob am Äquator oder an den Küsten Grönlands, ob in den Tropen oder in den kalten Breitengraden, es ist dasselbe, dass die Temperatur an den tiefsten Meereslotungen nahe oder unter dem Gefrierpunkt liegt, also buchstäblich flüssiges Eis ist. Diese Temperaturen liegen in Tiefen, die fünfmal so tief sind, wie üblicherweise gebohrt oder gegraben wurde, und bedecken vier Fünftel der Erdoberfläche, und sind nicht heiß oder gar warm, sondern extrem kalt.

Wenn die innere Hitze so groß ist, wie behauptet wird, müsste sie ausreichen, um jeden Tropfen Wasser in den Ozeanen innerhalb von fünfzehn Minuten zum Sieden zu bringen, aber es scheint nicht genug Hitze vorhanden zu sein, um den Boden des Kessels zu erwärmen.

Man geht davon aus, dass die Erde aus einem Nebel oder einer Ansammlung von kleinen Sternenkörpern oder etwas anderem entstanden ist, was bisher noch niemand klar erklärt hat.

Es liegt auf der Hand, dass unsere Erde ihre heutige Form durch eine Vielzahl von Zeiträumen und Veränderungen erhalten hat und zu einem großen Teil aus flüssigen und plastischen Stoffen besteht, die in ihrem Ursprung eine Existenz gehabt haben müssen. Es besteht kaum ein Zweifel daran, dass die gesamte Zusammensetzung der Erde mit ihrer Mischung aus flüssigen, gasförmigen und festen Bestandteilen in irgendeiner Form seit zahllosen Millionen von Jahren durch den Raum kreist.

Es bedarf keiner langen Argumentation, um zu zeigen, dass Körper bei solchen Umdrehungen, wie sie die Erde macht, die Tendenz haben, durch die Zentrifugalkraft die schwereren Elemente nach außen zu schleudern, und da dies ein universelles Gesetz bei allen wissenschaftlichen Experimenten des Menschen zu sein scheint, liegt die Vermutung nahe, dass die Zentrifugalkräfte der Erde in ihren Ergebnissen keine Ausnahme darstellen. Da dies der Fall ist, ergibt sich sofort die Vermutung und Wahrscheinlichkeit, dass die Erde eine hohle Kugel ist und keine feste Masse, mit Punkten tatsächlicher Pole an jedem Ende, die erforscht werden können.

Da das Wasser in der gesamten uns bekannten Geschichte einen so großen Teil der Erdmasse ausmacht und ausgemacht hat, soll in dieser Schrift der wunderbare Einfluss aufgezeigt werden, den es auf das Weltgeschehen ausübt, und die reichhaltigen Vorräte, die die Natur für Menschen, Tiere und Pflanzen bereithält und wo sie gelagert sind.

Doch am Rande sei gesagt, dass ein Name, der in den letzten Jahren Gegenstand des Spottes war, mit tiefem Respekt für seine klugen und hervorragenden Beobachtungen erwähnt werden sollte. Dieser Mann, für den ich ein Wort des Lobes und der Bewunderung sprechen möchte, ist Kapitän John Cleves Symmes, , dem ich die Ehre zugestehe, als erster die Theorie aufgestellt zu haben, dass die Erde hohl ist, und der als Autorität für die Entdeckung des "Symmes-Lochs" angeführt wurde. Obwohl der jetzige Autor nie eines seiner Argumente für ein solches Loch gesehen oder gelesen hatte, kam die Idee ursprünglich, als wäre sie nie von meinem würdigen Vorgänger erdacht worden. Um den Vorwurf des Plagiats zu vermeiden, wird dieses Thema daher so behandelt, als wäre es nie zuvor erdacht worden.

Unter der Annahme, dass die Erde hohl ist, soll auf den folgenden Seiten gezeigt werden, wie und warum, und wie wichtig es für die Bewohner der Außenwelt ist, dass sie so ist. Die erste These ist also, dass die Erde aus den oben genannten Gründen durch die Zentrifugalkraft hohl ist; die nächste, dass das Innere ein Süßwasserozean mit Landkontinenten ist, und das Äußere ein Salzwasserozean mit Kontinenten, wie wir sie teilweise kennen.

Dass die Eisgürtel in den einzelnen Kältezonen die Trennlinien zwischen Salz- und Süßwasser sind. Dass die Öffnungen bei der Annäherung an einen der beiden Pole mindestens 1.500 Meilen breit sind und dass ein Magnetkompass oberhalb eines Breitengrades von achtzig bis achtundachtzig Grad seine natürliche Position an keinem Punkt innerhalb dieses Breitengrades beibehält, sondern in seinem Bestreben, die Nadel auf das wahre Zentrum der Bewegung auszurichten, den Punkt anhebt, um die rechte Ausrichtung von beizubehalten, oder eine andere Verlegenheit oder Unregelmäßigkeit aufweist. Wer in diesen Breitengraden forscht, geht nicht auf direktem Weg zum Zentrum der Bewegung, sondern umrundet unbewusst einen Kreis nach innen.

Die Abflachung der Erde an den Polen kommt sowohl der Behauptung entgegen, sie sei hohl, als auch der Frage, wie es dazu kam.

Wir sind darüber informiert, dass jeder Regentropfen ein hohler Tropfen ist, der durch einen kurzen Raum fällt, und wie viel vernünftiger wäre es, die große Masse der Erde anzunehmen, die sich in einer Ewigkeit des Raums dreht.

Es ist mehr als nur anzunehmen, dass jeder Planetenkörper im Universum hohl ist, und zwar nach demselben festen Gesetz, nach dem alle beweglichen Körper bei einer Umdrehung hohl werden. Sind nicht auch die Ringe des Saturns so entstanden?

Hier ist ein Planet, von dem man sagt, er sei siebenhundertmal so groß wie die Erde, aber seine Dichte ist nur neunzigmal so groß. Sein mittlerer Durchmesser beträgt etwa 70.000 Meilen und die Verdichtung ein Zehntel, so dass der polare Durchmesser um 3.500 Meilen geringer und der äquatoriale um 3.500 Meilen größer ist als sein mittlerer, wodurch er weitgehend die Form und die kugelförmige Gestalt der Erde dupliziert. Ist es dann nicht vernünftig, anzunehmen, dass der Mangel an Dichte es ihren Umdrehungen erlaubt hat, ihre Reihe von Ringen zu erzeugen, wobei die dichtesten außen liegen? Und die gesamte Ordnung ist so beschaffen, dass unsere Position uns erlaubt, durch sie hindurchzuschauen, anstatt auf eine äußere Oberfläche?

Jupiter hat die gleichen Eigenschaften in Durchmessern. Der mittlere Durchmesser beträgt 85.000 Meilen, der äquatoriale Durchmesser 87.800 und der polare Durchmesser 82.200, ein Unterschied von 5.600 Meilen, was bedeutet, dass die gleichen Einflüsse und der gleiche Grund für seine Hohlheit verantwortlich sind. Obwohl er 1.233 Mal so groß ist wie die Erde, ist seine Dichte nur 301 Mal so hoch. Hier haben wir die beiden größten Planeten, die sich vielleicht noch in der Entwicklungsphase befinden, in der sie bewohnt werden können, in sehr ähnlicher Form wie die Erde.

Es ist vielleicht nicht unangebracht, an dieser Stelle die Überzeugung zu bekräftigen, dass alle planetarischen Körper hohl und kühl sind, kein einziger sich in einem geschmolzenen Zustand befindet oder Wärme abgibt, sondern nur in ihren eigenen Atmosphären Wärme erzeugt und somit Licht abgibt, das wir in unserer Unwissenheit einer Masse mit starker Hitze oder einer Kugel in Verbrennung zuschreiben. Ein solcher Zustand scheint in einem Körper, der einen unbegrenzten Raum durchquert, der jenseits jedes erfassbaren Grades kalt ist, unvernünftig zu sein. Die Sonne unterliegt den gleichen Bedingungen wie die Erde, was die Wärmegewinnung angeht, und in dieser Arbeit wird behauptet, dass wir von der Sonne nicht mehr direkte Wärme erhalten als vom Mars oder der Venus.

Ausgehend von der ersten These, dass es ohne Reibung weder Wärme noch Licht geben kann, wird angenommen, dass die Sonne ihre Wärme und ihr Licht durch ihre wunderbare Umdrehung in ihrer eigenen Atmosphäre erzeugt. Bei einem Durchmesser von 860.000 Meilen und einer Umlaufzeit von 25,38 Tagen bewegt sich die Sonne durch ihre Atmosphäre eine Meile in acht Zehntelsekunden, fünfundsiebzig Meilen pro Minute und 4.500 pro Stunde.

Bei einer Atmosphäre von der relativen Dichte der Erde kann man sich leicht vorstellen, was für ein pyrotechnisches und elektrisches Schauspiel dies für die Linse eines Teleskops darstellen würde, das den Eindruck eines Feuers von unvorstellbarem Ausmaß vermittelt. Es erscheint unvernünftig, dass im Reich der Natur irgendetwas oder irgendwo Brennstoff für ein ewiges Feuer gefunden werden kann, außer in einer alten orthodoxen Hölle.

Für einen Beobachter auf dem Mars oder der Venus würde die Erde zweifellos das gleiche sternähnliche Aussehen haben wie diese Planeten für unsere irdischen Augen.

Die elektrischen Funken eines Oberleitungsdrahtes oder eines Dynamos geben unseren Augen den gleichen Ausdruck, wenn auch in Miniatur, ohne dass wir uns der Hitze bewusst sind.

Es ist zweifelhaft, ob wir bei all den Beobachtungen der Sonne durch Teleskope irgendeine Erkenntnis über ihre Struktur gewonnen haben, sondern nur über ihre Umdrehungen, ihre Größe und ihre Bewegungen, genau wie bei der Erde. Es wäre sehr schwierig, klar zu diagnostizieren, was die Produktion von tierischem und pflanzlichem Leben betrifft. Die elektrischen Einflüsse durch eine Atmosphäre, die verhältnismäßig tief ist wie die unsere, mit ihren Wolken, die in derselben existieren müssen, könnten die Oberfläche der Sonne sehr gründlich verdunkeln. Es sei denn, in besonderen Intervallen, wenn bestimmte Belichtungen als Sonnenflecken bezeichnet werden, entweder auf einem großen Kontinent oder einem Ozean.

Die großen Flammen der Gase in der Atmosphäre würden bei teleskopischer Betrachtung den Eindruck einer brennenden Masse erwecken, während unter diesen atmosphärischen Flammen alles kühl und ruhig ist.

Nach Ansicht des Verfassers besteht kein Zweifel daran, dass die Sonne ebenso günstige Bedingungen für tierisches und pflanzliches Leben bietet wie die Erde, und dass beide im Verhältnis eine größere Vielfalt und Artenvielfalt aufweisen. Die Natur kennt keine Grenzen für ihre Entwürfe, verwendet keine Duplikate und wiederholt sich niemals in irgendetwas. Keine zwei Samenkörner, keine zwei Schneeflocken sind jemals identisch. Bei einer Million Scheffel Erbsen gibt es keine zwei gleichen, und doch hat jede einzelne ihre Individualität als Erbse. Der Mensch kann eine Amsel in einem Schwarm nicht von einer anderen unterscheiden, aber für die Vögel sind sie so individuell wie die Menschen füreinander. Aus diesen Gründen ist es leicht einzusehen, dass jeder Planet mit verschiedenen Arten von tierischem und pflanzlichem Leben bevölkert sein kann, wie es auch bei den verschiedenen Ländern der Erde der Fall ist. Das Klima der Sonne mag zwar heißer sein als das der Erde, aber die Natur kann sich an jeden Zustand von Hitze oder Kälte anpassen.

Bisher wurde vor allem der Einfluss der Reibungswärme auf die Planetenoberflächen untersucht. Später wird dieser Einfluss kurz aufgegriffen werden, um seine innere Wirkung bei der Erzeugung von Erdbeben und Vulkanen zu demonstrieren.

Zur Abwechslung wollen wir uns einmal mit der Wirkung der Zentrifugalkraft auf die Erde beschäftigen. Die Erde zeigt viele Erscheinungsformen dieser Kraft in Form von Kontinenten, Flussläufen, Buchten und Gebirgszügen. Nordamerika schwenkt allmählich nach Osten, wenn es sich dem Äquator nähert; Südamerika wölbt sich am Äquator am meisten nach Osten. Die Gebirgszüge der Rocky Mountains, der Sierra Nevada und der Kordilleren in Nordamerika und die Anden in Südamerika bilden eine Barriere gegen das weitere Vordringen des Pazifischen Ozeans. Die Westküste Afrikas wird vom Atlantik weitgehend durch die Berge Marokkos geschützt, einschließlich der Schwarzen und Weißen Berge, die nach Süden verlaufen und Senegambia in gewisser Weise schützen, und dann der Kong mit anderen Gebirgszügen in Ober- und Unterguinea, die das Eindringen in den Golf von Guinea verhindern. In Asien hat Hindustan das Ghant-Gebirge als Barriere, während eine andere Gebirgskette ( ) die Halbinsel von Malakka in Schach hält. Es ist deutlich zu sehen, dass alle diese Punkte der Länder sich zum äquatorialen Bewegungszentrum neigen. Die Inseln Ozeaniens, die auf der Äquatorlinie aufgereiht sind, zeigen ebenfalls die Auswirkungen der Erdrotation.

Die australische Insel ist offenbar die Keimzelle eines neuen Kontinents, der sich in Zukunft mit einigen der großen Nachbarinseln und schließlich mit den meisten Inselgruppen Ozeaniens verbinden wird. Das gleiche Ergebnis wird wahrscheinlich auch bei den Großen und Kleinen Antillen eintreten.

Die Flüsse sind ein deutlicher Beweis für die Zentrifugalkraft auf beiden Kontinenten. Der größte, der Amazonas, fließt fast auf der Linie des Äquators und mündet dort. Alle Flüsse, fast ausnahmslos, nördlich des Äquators bis zum Polarkreis fließen nach Südosten, wenn sie können, und neigen an ihren Mündungen in diese Richtung. Die südlichen Flüsse fließen nach Nordosten, soweit es die Landschaft zulässt. Der Nil, ein ungewöhnlicher Fluss, ist so ziemlich die einzige markante Ausnahme. Im Norden fließen Abflüsse wie der Yukon, der McKenzie und der Große Fisch in Nordamerika, der Jenissei und die Lena sowie viele kleinere Ströme in Europa und Asien in den Arktischen Ozean.

Diese letztgenannten Ströme fließen so weit vom großen Bewegungszentrum entfernt und aufgrund der ausgeprägten Neigung des Landes in Richtung der polaren Zentren in diese Richtung und tragen zweifellos weitgehend zum großen Wasserzufluss in den inneren Ozean bei. Die Westküsten beider Kontinente zeichnen sich durch ihren Mangel an großen Strömen aus. Das offene Meer, das einige Arktisforscher um die Pole herum vermutet haben, ist zweifellos der Anfang des Süßwasserozeans.

Das Problem des offenen Meeres leitet die Bedeutung dieser Abhandlung ein. Wenn es ein offenes Meer gibt, was höchstwahrscheinlich der Fall ist, muss es die offene Tür zu einer Innenwelt sein, so wie die Rückkehr aus diesen hohen Breiten und das Betreten des offenen Meeres der Beweis für unsere bewohnbare Außenwelt ist.

Bei allem Respekt vor den Berichten von Arktisforschern ist es sehr zweifelhaft, ob sie ihre tatsächlichen Positionen oder Breitengrade wirklich kennen, wenn sie mit verrückten Kompassen und ungünstigen Bedingungen konfrontiert sind, so dass ihre Geschichten und Abenteuer, auch wenn sie ehrlich erzählt werden, mit einem Körnchen Salz genommen werden müssen. Sie erzählen uns, dass sie das Abbrechen von Eisbergen von Mammutgröße von Gletschern erlebt haben, was zweifellos wahr ist. Es wäre wahr, wenn ein Eisberg so groß wie das Kapitol in Washington oder so groß wie die größte ägyptische Pyramide gewesen wäre, aber es ist zweifelhaft, ob sie jemals auch nur ein Zehntel so groß wie die letztere oder so groß wie die erstere gesehen haben.

III. EISBERGE.

Hier soll das Wagnis unternommen werden, den Charakter und die Entstehung eines großen, echten Eisbergs zu betrachten und zu erklären, von dem angenommen wird, dass er seinen Standort sowohl innerhalb als auch außerhalb der Gewässer wechselt.

Wie bereits erwähnt, bildet der Eisgürtel die Trennlinie zwischen Salz- und Süßwasser.

Aus diesem Grund müssen große Teile des Ozeans in der Arktis zugefroren sein. Da Wasser eine Ausnahme von allem anderen ist, weil es leichter wird, wenn es kälter wird, steigt es über seinen Wasserspiegel an. Ohne diese Vorkehrung der Natur würden unsere Seen zu massiven Eismassen und die Flüsse zu Bergen werden, wodurch die Fische ausgelöscht würden und eine so tiefe und feste Masse entstünde, dass sie in einem Sommer kaum wegschmelzen könnte. Das kann man an jeder Wanne mit Wasser sehen, die in einer kalten Nacht draußen steht. Das Wasser erstarrt nicht vollständig an der Oberfläche, sondern steigt in gefrorenen Partikeln von unten auf wie der Rahm auf der Milch. Dies zeigt sich dadurch, dass es in der Mitte aufsteigt und anschwillt und die Außenseite des Gefäßes zum Bersten bringt.

Ein Teich, See oder Fluss, der so dick zugefroren ist, dass er schwer beladene Pferdegespanne und Armeen von Menschen mit all ihren Ausrüstungen tragen kann, wird beim Verlassen des Ufers erheblich gewölbt. Ein Beweis dafür ist das Ansteigen und Knacken mit lauten Geräuschen und das Auftauen und Nachgeben des Drucks an den Ufern, wenn es zu lauten Explosionen wie Sprengungen oder Kanonenschüssen kommt, die durch das Absetzen und Knacken des Eises verursacht werden.

Da die Tiefen des Ozeans groß sind und die arktische Nacht von langer Dauer ist, erstarren die Süßwasseranteile in großer Tiefe und bilden eine Eismasse, die in den gemäßigten Klimazonen unvorstellbar ist, sowohl was die Höhe als auch die Fläche betrifft. Stellen Sie sich vor, wie ein Eisberg ausgesehen haben muss, wenn er vom fünfundsiebzigsten bis zum achtzigsten Breitengrad startet und bis zum Hochsommer durch alle Wetterlagen treibt, um dann vor der Küste Neufundlands anzukommen, und dann 300 bis 500 Fuß hoch ist und das Siebenfache seiner Höhe unter Wasser hat und so groß ist, dass er Stunden und sogar Tage oder Wochen braucht, um die Hauptmasse des Eises und seine abgeschliffenen Fragmente zu passieren. Hat irgendein Forscher jemals gesehen, wie ein solcher Eiskörper von einem Gletscher abbricht, der zu Beginn eine Fläche von mehreren Quadratmeilen bedeckt haben muss?

Wie ein Pfeil, der in die Luft geschossen wird, seine Bahn biegt, um dem schweren Ende zu folgen, so manifestieren sich die schweren Elemente im Wasser tatsächlich im Zentrum der Erdbewegung, und die Salzigkeit der äquatorialen Gewässer ist viel stärker als bei der Annäherung an die polaren Löcher, wobei der letzte Begriff mit gutem Grund anstelle von Polen verwendet werden könnte.

Es scheint bei allen Arktisforschern ein Hindernis zu geben, das sich als Eisgürtel bezeichnet. Dieses Hindernis ist suggestiv und führt zu den folgenden Schlussfolgerungen:

Dass das Wasser an dieser Stelle so frisch geworden ist, dass ein so breiter Gefriergürtel möglich ist, aber dass die Grenze zwischen Salzwasser und Süßwasser gezogen wird.

Es ist hier nicht angebracht, einen Gletscher zu beschreiben, bevor nicht die Ursache und der Ursprung erklärt sind, was erst nach der Betrachtung der Wassereinflüsse aus dem Inneren des Gletschers der Fall sein wird.

Das nächste Ziel ist es, zu zeigen und zu beweisen, dass die Erde hohl ist und über einen Ozean mit Süßwasser und bewohnbarem Land verfügt.

Wie bereits gesagt, lässt die Theorie eines offenen Meeres auf ein neues Klima und Land schließen, also welche Beweise, tatsächliche oder Indizien, können angeführt werden?

Es wird von arktischen Seefahrern behauptet, dass Gänse, Enten und andere Wildvögel trotz aller Versuche, über den Eisgürtel hinaus zu gelangen, weiterhin fliegen und anscheinend auf der Suche nach Nahrung sind, die sie in Gewässern jenseits des Eisgürtels erhalten müssen.

Die Existenz eines offenen Meeres jenseits des Eisgürtels wird seit Jahren eingeräumt. Da kein Entdecker näher als 750 Meilen an die vermeintlichen Pole herangekommen ist, liegt die Vermutung nahe, dass das sogenannte offene Meer, das in Wirklichkeit ein Loch ist, einen Durchmesser von fast fünfzehnhundert Meilen haben muss. Verschiedene Beweise haben diese Frage in den Augen der Seefahrer geklärt, von denen der wichtigste ist, dass die Seevögel immer noch jenseits der Reichweite der menschlichen Erkundungen fliegen. Allein die Tatsache, dass Wildgänse, Enten und andere Seevögel zu irgendwelchen Futterplätzen weiterziehen, reicht aus, um alle Zweifel oder Argumente für oder gegen die Theorie eines offenen Süßwassermeeres um die vermeintlichen Pole auszuräumen. Die schlüssigen Gründe sind, dass kein Wasservogel oder Fisch in einem Meer aus Salzwasser leben kann. Salzwasser im engeren Sinne liefert keine Nahrung, sondern nur in Körpern, die von Süßwasserströmen gespeist werden, wie in Buchten, Meeresarmen und Flussmündungen sowie in der Nähe der Küstenlinie von Kontinenten oder Inseln, wo Süßwasser aus Quellen und Regenfällen dazu beiträgt, Wachstum und Substanzen zu erzeugen, die für die Ernährung geeignet sind.

Der Seefahrer Ross beobachtete, dass Elche, Rentiere, Wölfe, Moschusochsen, Weißbären, und Füchse ihre Winterquartiere eher im Norden als im Süden suchen und mit ihren Jungen zurückkehren, wenn die Jahreszeit günstig ist. Man beobachtet, dass Fische in den Süden kommen, aber nicht zurückkehren.

Was die Wasservögel betrifft, so überlässt es der Autor anderen, Vermutungen darüber anzustellen, wie weit sie dieser Öffnung in das Zentrum der Erde folgen könnten.

Man hat sich oft gefragt, woher die arktischen Elefanten stammen, deren Überreste so zahlreich an der Nordküste Sibiriens zu finden sind und von denen einige im letzten Jahrhundert in einem solchen Erhaltungszustand waren, dass ihr Fleisch von Bären und Wölfen gegessen werden konnte.

Warum waren sie durch einen Haarschopf geschützt, wenn sie nicht aus einem kälteren Klima als südlich des Polarkreises stammen'?

Gibt es sie nicht mehr im Landesinneren, oder sind sie mit dem großen Auk, einem ehemaligen Außenbewohner, verschwunden?

Warum sind die den Polen am nächsten gelegenen Breitengrade die bevorzugten Fanggründe der Wale? Ist nicht das Süßwasser im Inneren des Ozeans ihr natürliches Brutgebiet, von dem aus sie durch die Behringstraße und andere Kanäle in die äußeren Gewässer vordringen? Kann uns ein Wissenschaftler verlässliche Informationen darüber geben, wo sich Wale am meisten fortpflanzen und warum Walfang-Expeditionen für ihren Fang hohe Breitengrade aufsuchen müssen?

Das Loch mit einem Durchmesser von fünfzehnhundert Meilen würde keinen bewussten Eindruck von der Existenz einer solchen Öffnung vermitteln. Man könnte nicht dastehen und es inspizieren, als würde man in einen Brunnen schauen. Dieses Loch öffnet sich in eine neue, vom Menschen unerforschte Welt, es sei denn, es ist möglich, dass Sir John Franklin und der Aeronaut Nansen unbeabsichtigt hineingetrieben wurden und nicht in der Lage waren, sich selbst hinaus zu navigieren.

Um diese Theorie zu untermauern, muss man auch zugeben, dass diese Öffnung bei der Annäherung an den Erdmittelpunkt etwas vergrößert werden muss und vom Zentrum aus eine konkave Form annimmt; da dies der Fall ist, muss der Durchmesser von tausend auf zweitausend Meilen oder mehr zunehmen, was sehr wahrscheinlich ist. Bei der Bewegung oder Umdrehung der Erde würde das Wasser diesen Zustand nach dem Prinzip des Schwingens eines Eimers Wasser über dem Kopf annehmen und wäre lediglich ein ruhiger Ozean, der für das Auge so grenzenlos ist wie das Wasser an der Oberfläche.

Es ist durchaus vernünftig anzunehmen, dass in diesen Weiten des Wassers Inseln und große Landmassen genauso existieren können wie außerhalb, und dass viele fossile Exemplare, von denen man annimmt, dass sie in einem frühen Altertum auf der äußeren Oberfläche existierten, aus dem Zentrum der Erde stammen und vielleicht sogar noch existieren; ihre alten Skelette sind durch die Zentrifugalkräfte des Wassers an die Erdoberfläche geschleudert worden, so wie alle verschiedenen Gesteinsschichten vom Zentrum der Erde bis zu ihrem Umfang aufgeworfen und zu einem großen Konglomerat vermischt wurden. Diese Tatsachen scheinen durch diese Zugvögel und -tiere eindeutig bewiesen zu werden: Erstens muss es ein offenes Meer sein; zweitens muss es Süßwasser oder überwiegend Süßwasser sein; drittens muss es wünschenswerte Nahrungselemente produzieren oder enthalten, die sich von dem unterscheiden, was im Ozean auf der Außenseite vorhanden ist, wovon diese Vögel leben können, wenn sie ihre Brutgebiete erreichen, von denen sie angeblich in stark vergrößerter Zahl zurückkehren. Nun kann die Frage aufkommen: Bleiben sie nach dem Passieren dieser großen Eisgrenze an einem nahe gelegenen Punkt stehen und finden dort geeignete und angenehme Nahrungsgründe, oder ziehen sie 500 oder 1.000 Meilen weiter? In dieser Entfernung ist es wahrscheinlicher, dass das Wasser eine andere Temperatur hat und besser an ihren Geschmack und ihr Wohlbefinden angepasst ist. Es scheint richtig zu sein, anzunehmen, dass sie sich in Binnenmeeren und angenehmen Buchten aufhalten und dass sie sich von ihren Küsten und Futterplätzen ernähren und nicht von allem, was es in den äußeren Teilen der Erde gibt; andernfalls müsste ihr gesamter Vorrat unter den Eisgürtel gezogen werden oder durch diesen großen arktischen Filter laufen. Wieder kommt dieser Gedanke auf. Wie haben diese Vögel dieses interne Nahrungs- und wahrscheinlich auch Brutgebiet gesehen oder davon erfahren? Da Zugvögel in der Regel in großer Höhe fliegen, hätten sie einen Vorteil gegenüber dem Menschen, wenn es darum ginge, diesen offenen Ozean zu sehen, und es ist anzunehmen, dass sie dort sowohl gebrütet als auch gefüttert haben könnten. Es ist nur eine natürliche Folge ihrer Wanderung in und aus diesem Gürtel oder Eiskreis, so wie wir ihren Flug nach Norden und Süden mit dem Wechsel der Jahreszeiten erkennen.

Wenn sie durch den Instinkt dorthin gehen, tun sie nur das, was dem Bereich des Lebens zugeschrieben wird, der in der Skala der Gedanken niedriger ist als der Mensch; aber wenn sie durch Erforschung und Vernunft gehen, dann muss der Mensch eine niedrigere Skala in der Berechnung nehmen als die Gans. Um diesen Punkt abzuschließen. Wenn Vögel sich von Pflanzen ernähren, muss es reichlich Süßwasser geben, um sie zu produzieren. Wenn sie sich von Fischen ernähren, muss es ebenso viel Süßwasser geben, in dem sie brüten, sich ernähren und leben können. Wenn die Vögel brüten, müssen sie gastfreundliche Ufer haben, an denen sie sich aufhalten und ausruhen können, und einen günstigen Himmel, der zu ihren verschiedenen Bedürfnissen beiträgt, damit sie existieren können.

Ihr Instinkt oder ihre Vernunft werden sie niemals dorthin führen, wo die Bedingungen kein Essen und Trinken, keine Ruhe, keine Unterkunft und keinen Schutz zulassen.

Ein weiterer schlüssiger Beweis dafür, dass unsere Eisberge nicht durch den Abbruch von Gletschern entstanden sind ( ), ist die Tatsache, dass man sie häufig in der Mitte des Ozeans findet, wo sie Passagiere wie Wölfe, Füchse, Weißbären und andere arktische Tiere mit sich führen. Die Festigkeit des Eisbergs spricht gegen den glazialen Ursprung, denn der Gletscher besteht aus einem Konglomerat, das durch Schnee, Regen und Quellwasser gebildet wird, so dass es unmöglich ist, eine große Menge intakt zu halten. Die Bildung des Eisbergs in seiner Methode muss eine feste Masse sein.

IV. GOLF STROM.

Der erste Zeuge aus dem Landesinneren wird der Golfstrom sein, der phänomenalste Wasserstrom, der auf der Erde bekannt ist. Dieser große Abfluss, so sagen uns die Behörden, ist das Ergebnis von Wasser, das aus der Karibik durch den Golf von Mexiko und durch die Straße von Florida strömt und damit genug Kraft hat, um sich über mehr als dreitausend Meilen bis zur Küste Irlands zu manifestieren und ihr das Klima zu verleihen, das ihr den Namen "Smaragdinsel" einbrachte; von Irland und den Britischen Inseln aus ist sein Einfluss bis zur Küste Norwegens zu spüren.

Das Wasser ist viel wärmer als an anderen Stellen, nachdem man die Bahamas verlassen hat, und es herrschen andere Meeresbedingungen, z. B. gibt es keine Quallen oder das Wasser ist nachts glitzernd und wird von den Walen und anderen Bewohnern der angrenzenden Gewässer gemieden. Es wird auch von denen behauptet, die viele Male durch den Strom gesegelt sind, dass die Farbe des Wassers so unterschiedlich ist, dass sie schnell auf-fällt, wenn Schiffe in den Strom einfahren. Wie ein solcher Strom mit einer solchen Kraft in einem Stausee wie dem Atlantik entstehen kann, der durch das Karibische Meer verbunden ist und zu sich selbst zurückkehrt, ist für den Verfasser so unklar wie die Frage, wie es einem Menschen gelingen kann, sich selbst in einem Scheffelkorb zu heben. Ein Mann, der diese Schlussfol-gerung ziehen kann, sollte seine Energie darauf verwenden, eine Maschine für ein Perpetuum mobile zu entwickeln.

Der Golfstrom ist zweifellos eine riesige, schwefelhaltige Quelle, wie viele Quellen in Florida und an der Küste bis nach Charleston, deren Wasser durch denselben Einfluss wie der Golfstrom erwärmt wird, indem es durch tiefe Schichten fließt, die durch vulkanische Einflüsse erhitzt werden, wie sie in Mittelamerika üblich sind. Sein schwefelhaltiger Geschmack erklärt das Fehlen von Walen und Quallen in seinen Gewässern, in denen man in ähnli-chen Gewässern nie Fische findet. Diese schwefelhaltige Beschaffenheit kann die stürmischen Eigenschaften erklären, die entlang seines Laufs vor-herrschen. Es könnte behauptet werden, dass das Wasser nach Schwefel rie-chen würde, um entdeckt zu werden, aber das ist nicht notwendigerweise der Fall; von Quellen in Florida, die stark schwefelhaltiges Wasser fließen, trin-ken viele Besucher nicht an der Quelle, aber nach einer Stunde Aufenthalt, wird es an Hoteltischen und aus Wasserurnen getrunken, ohne dass ein Verdacht besteht, dass es schwefelhaltig ist. Der Kontakt mit dem Salzwasser in der großen Tiefe, aus der der Bach entspringt, vermindert den Geruch, bevor er die Oberfläche erreicht, und führt höchstwahrscheinlich zu der auffälligen Farbveränderung. Die Tiefseesondierungen vor der Küste von Bahama sind ein weiterer Grund dafür, dass der Stream dort seinen Ursprung hat. Es wird behauptet, dass es zu Beginn des Stroms fast unmöglich ist, zuverlässige Peilungen zu erhalten, da die Peilrohre offensichtlich durch die starke Wasserströmung, die nach außen fließt, empfindlich beeinträchtigt werden würden.

Der nächste Beweis ist die Frage, woher die enormen Wassermengen kommen, die unsere Seesysteme versorgen. Fast alle großen Seen der Welt befinden sich in den höchsten Regionen. Der Genfer See, 1.226 Fuß über dem Meeresspiegel gelegen, nimmt das schlammige Wasser der Rhone auf, hat aber so viele andere Zuflüsse wie eine Quelle, dass sein Wasser blau und klar wird. Der Bodensee liegt 1.290 Fuß über dem Meeresspiegel und ist 912 Fuß tief; der Rhein, der auf einer Höhe von 7.600 Fuß entspringt, mündet in diesen See. Im Jahre 1770 stieg das Wasser in einer Stunde zwanzig Fuß über die normale Grenze. Der See soll fünfundzwanzig Fischarten beherbergen, darunter auch Lachse. Onega und Ladoga liegen hoch über dem Meeresspiegel und sind durch einen Kanal mit mit dem Quellgebiet der Wolga verbunden. Der Titicaca, 12.800 Fuß über dem Meeresspiegel, 720 Fuß tief in Ufernähe und wahrscheinlich sehr tief in der Mitte, enthält viele Inseln und ist reich an Überresten peruanischer Architektur. Superior, 627 Fuß über dem Meer und mittlere Tiefe etwa 1.000 Fuß, friert nie zu, außer an den Ufern, und hat eine Temperatur von etwa 45 Grad.

Dies sind nur einige wenige in verschiedenen Ländern, für die die Lage universell ist, sowohl für große als auch für kleine Süßwasserkörper, da der allgemeine Eindruck bei den Menschen ist, dass Seen in der Regel im Tiefland liegen, während das Gegenteil der Fall ist.

Nur wenige Menschen in diesem Land haben je daran gedacht, dass unsere großen Süßwasserseen Superior, Huron, Michigan und Ontario auf den höchsten Erhebungen zwischen dem Ozean und den Rocky Mountains liegen, und doch ist es so. Aus diesen großen Quellen fließt das Wasser, das die Niagarafälle hinunterstürzt, während ein größerer Teil, wie man annimmt, einen unterirdischen Abfluss durch den Ontariosee hat und sich mit dem Niagarastrom zum Sankt-Lorenz-Strom vereinigt.

Woher kommt das Wasser in diesen großen Seen? Es fließen keine größeren Flüsse hinein, und ihr Wasserstand ist häufig im August und September am höchsten, wenn das Land allgemein unter einer Dürre leidet. Wenn es sich um Regenwasser handeln würde, würde die gesamte Oberfläche gefrieren, aber Quellwasser ist davon ausgenommen, solange es nicht für einige Zeit der Luft ausgesetzt ist. Das Land um den Lake Superior steigt ziemlich abrupt an, und wenn man die Hügel hinauffährt und von Ashland nach Duluth reitet, sieht man Hunderte von kleinen Seen, und wenn man von Two Harbors aus fünfzig Meilen nach Norden hinauffährt, sieht man denselben Zustand, bis man innerhalb von weniger als 100 Meilen zur Wasserscheide kommt, wo das Wasser nach Westen in das Mississippi-Tal und nach Norden in die Hudson Bay und nach Osten und Süden in den Atlantik fließt. Werden diese Seen durch Regen und Schnee gespeist? Wenn ja, wo sammelt sich das Wasser, und wie gelangt es in diese Höhenlage? Es wird angenommen, dass zwischen Superior und Ontario ein unterirdischer Fluss verläuft, da in beiden Seen zu bestimmten Jahreszeiten ähnliche Fische gefangen werden, die in Ontario jedoch zu anderen Zeiten fehlen.

Die genannten Seen werden nur wegen ihrer Bedeutung erwähnt; wir wollen nun die Aufmerksamkeit auf Seen im Allgemeinen lenken. Wer dieses Thema liest, wird gezwungen sein, zu einem einzigen Schluss zu kommen, was die allgemeine Lage der Seen betrifft. Nehmen wir unsere Adirondack-Region mit ihren Tausenden von reinen, klaren Seen, die zwischen den zerklüfteten Hügeln verborgen sind. Das Land der Weißen Berge, in dem es viele Seen gibt. Chautauqua auf seinem hochgelegenen Grund, Mt. Desert im Ozean mit seinem Eagle Lake und andere 1.200 Fuß über dem Meer. Seen und lebendige Teiche voller Seerosen auf Block Island. Überall in den Bergen und in der Wildnis von Maine, und so weiter in jedem Staat, gibt es die gleichen Bedingungen, bis man zu den ebenen und den Präriestaaten kommt, wo Umwälzungen selten sind, um Seen und Quellen hervorzubringen.

Wenn ein Leser in "Picturesque America" die beschriebenen Szenen am French Broad River und die Wunder am Delaware Water Gap betrachtet, ist es sehr zweifelhaft, ob die verschiedenen Wasserfälle und die Fülle an Quellen und Seen ihn auf die Idee bringen, dass sie auf besondere Niederschläge in diesem Gebiet zurückzuführen sind. Ein besonderer Beweis sollte ausreichen, um eine solche Schlussfolgerung zu widerlegen.

Ich zitiere von Seite 100: "Zu den Wundern der Kluft muss der wunderbare See auf dem Tammany gezählt werden; ein See, der so einzigartig ist, dass der Aberglaube des Volkes versucht war, seiner überragenden Seltsamkeit einen letzten Schliff zu geben und zu erklären, dass er keinen Grund hat. Wie als kuriose Krönung ihres wilden Werks hat die Natur, nachdem sie den Berg bis zu seinem Fuß abgetragen hat, hier neben dem Abgrund auf dem Gipfel des hohen Gipfels einen friedlichen See angelegt."

Diese Eigenschaft der Seen ließe sich endlos fortsetzen, aber es muss etwas über die kleineren Einflüsse gesagt werden, die sie hervorbringen. Jeder See ist nichts anderes als eine riesige Quelle oder ein Reservoir zahlreicher Quellen, die in seine Basis einfließen. Die Bereitstellung dieses unerschöpflichen Reservoirs an Süßwasser durch die Natur ist zweifellos die wichtigste aller anderen Gaben, die jedem Lebewesen auf der Erdoberfläche zuteil werden. Das Prinzip der Zentrifugalbewegung und der Zentrifugalkraft entfaltet hier seinen größten Vorteil.

Jeder, der schon einmal frühmorgens einen Schleifstein gedreht hat, um eine stumpfe Sense für ihr Tagewerk vorzubereiten, hat zweifellos das Ergebnis des häufigen Aufgießens von Wasser beobachtet. Wenn er den Stein langsam drehte, tropfte das Wasser unten ab, weil es angeblich dem Gesetz der Schwerkraft gehorcht; aber wenn er ihn gerade schnell genug drehte, konnte er etwa einen halben Liter Wasser auf der Oberfläche eines Steins von vier Zoll Dicke und zwei Fuß Durchmesser halten. Erhöht man die Geschwindigkeit, so wird das Wasser in alle Richtungen weggeschleudert.

Wenn man Garn oder Stoff, die in einem Tank oder Bottich nass geworden sind, in eine außen vergitterte Wanne legt und sie einer schnellen Umdrehung aussetzt, kann man sie in kurzer Zeit gründlich trocknen. Das Verfahren zum Abtrennen des Rahms von der Milch erfolgt nach demselben Prinzip, mit dem in zehn Minuten aus dem Melken Butter hergestellt werden kann.

Der bekannte Trick, einen Eimer Wasser über den Kopf zu wirbeln, ist an sich schon ein vollständiger Beweis dafür, dass das Wasser die Oberfläche und das Zentrum der Bewegung sucht und dass alle diese Ergebnisse auf die Zentrifugalkraft zurückzuführen sind. Ein gefüllter Trichter mit großem oder beliebigem Fassungsvermögen, bei dem ein Stopfen am Boden entfernt wurde, um den Ausfluss zu ermöglichen, beweist, dass die Bewegung sofort einen Kreis bildet und dass das Zentrum leer ist, während die Außenseite voll ist.

An dieser Stelle ist es vielleicht angebracht, auf eine weitere Besonderheit des Flusssystems hinzuweisen. Das Wasser auf dem Schleifstein unterstreicht diese Vermutung. Bei einer bestimmten Geschwindigkeit wird das

Wasser zur Außenseite des Steins tendieren; unterhalb der dafür erforderlichen Geschwindigkeit wird die Tendenz zum Zentrum des Steins oder streng genommen zum Zentrum der Erdbewegung gehen.

Nun wollen wir sehen, was das Flusssystem aussagt. Schauen Sie auf Ihre Karten und sehen Sie nach, wo die gemeinsame Wasserscheide auftritt, die anscheinend nicht weit vom 50. Breitengrad entfernt ist, wo die Zentrifugalkraft anscheinend nicht stark genug ist, um die Gewässer in Richtung Äquator zu tragen, und die Hauptwasser in Richtung Symmes's Hole fließen.

Schauen Sie auf Ihre Karten.

Auf dem 40. Breitengrad haben die Seeleute das, was sie als tosendes Meer bezeichnen, das sich ungefähr an der Wasserscheide befindet, die entweder zu den Polen oder zum Äquator verläuft.

V. TÄGLICHE BEWEGUNG.

Die Natur scheint in all ihren Angelegenheiten genau die richtige Einstellung zu haben, sei es bei der Färbung der Blumen, der Jahreszeit für das Wachstum, dem Geschmack der Früchte, der Versorgung des tierischen und pflanzlichen Lebens und den Instinkten für alles Geschaffene, um es den Lebenszwecken anzupassen.

Würde man die 24-stündige Erdumdrehung auf 25 Stunden verlangsamen, hätten wir weniger Wind und Gezeiten, weniger Wärme und mehr Land, das nicht vom Meer bedrängt wird.

Eine Erhöhung der Geschwindigkeit auf 23 Stunden würde uns mehr Wärme durch größere Reibung geben, den Fluss unserer Quellen erhöhen, zu höheren Gezeiten führen und die meisten der gegenwärtigen kommerziellen Seehäfen der Welt weiter nach hinten rücken lassen, da Millionen Hektar Land, die jetzt zur Verfügung stehen, bei jeder Flut überschwemmt würden.

Der Mond, so sagt man uns, hat wenig oder gar keine Atmosphäre. Er wird als kalt und unbewohnbar bezeichnet. Das sieht alles ganz vernünftig aus. Bei einem Durchmesser von nur etwas mehr als 2.000 Meilen und einer Umdrehung wie die Erde durch eine dünne Atmosphäre ist es leicht zu erkennen, dass es an Reibung fehlt, um Wärme zu erzeugen, und damit auch an den geeigneten Bestandteilen, um Leben zu erhalten. Das ist eine einfache Frage, die sich leicht lösen lässt.

VI. ERDBEBEN.

Es ist zweifelhaft, ob die Erdkruste mehr als oder gleich 1.000 Meilen dick ist. Die Außenseite wird durch die Atmosphäre, die eine Art Reifen für die Erde ist, vor dem Zerreißen bewahrt, während die Innenseite durch die Zentrifugalkraft ständig unter Druck steht. Diese beiden Faktoren müssen irgendwo zusammentreffen.

An der Außenseite, in der Nähe des Eisgürtels, gewinnt der Wasserdruck die Oberhand über die inneren Kräfte und treibt das Wasser in das Symmes-Loch. In der Erde ist die Zentrifugalkraft im Vorteil, bis sie die Oberfläche erreicht; aber wenn man am Äquator ein großes Loch bis zum Zentrum schneiden könnte, könnte ein Mensch zweifellos in Sicherheit hinein springen und aufhören zu fallen, da er bei seinem Abstieg gegen den Zentrifugaleinfluss abgefedert wird. Erdbeben sind nur die Auswirkungen des inneren Drucks des Wassers, das an die Oberfläche drängt und manchmal große Reservoirs zum Bersten bringt und Beben erzeugt, und manchmal mit großer Kraft Hügel und Berge aufwirft, aus deren Gipfeln die Wasserfontänen hervorsprudeln. Zu anderen Zeiten werden sie durch den Kontakt von Wasser mit erhitzten Elementen in Vulkanen hervorgerufen, wodurch die Aufregung entsteht, die zu einem Vulkanausbruch führt, der nur durch den Kontakt von Feuer und Wasser entstehen kann.

Es wird angenommen, dass dies die vollständige und kurze Erklärung der Erdbebenursachen ist.

VII. VULKANE.

Der Vulkan ist nichts anderes als ein lokales Feuer, das genauso mit der Erdoberfläche in Verbindung steht wie das Feuer im Keller eines Menschen, um sein Haus zu wärmen, oder in seinem Ofen, um sein Frühstück zuzubereiten. Wenn der Brennstoff, der in beiden Fällen verwendet wird, verbraucht ist, erlischt das Feuer, was in beiden Fällen ein übliches Ergebnis ist. Von allen bekannten Vulkanen, deren Existenz durch ihre Krater belegt ist, sind drei Viertel erloschen.

Was ist nun die Ursache des Vulkans? Die Erde ist mit immensen Brennstoffvorräten gefüllt, die aus Kohle, Schwefel, Öl, Gas, Kalkstein usw. bestehen. Es wird zwar behauptet, dass es an der imaginären Achse der Erde keine Reibung geben kann, doch wenn man sich der Oberfläche mit ihrem ganzen Gewicht an Bergen und Kontinenten nähert, beginnt die Reibung hier ihre Arbeit zu tun. Es ist sehr zweifelhaft, ob ein Vulkan existiert oder jemals existiert hat, dessen Feuer bis in eine Tiefe von 500 Meilen reicht, und wahrscheinlich nicht einmal die Hälfte dieser Entfernung.

Auf der Außenseite dieses Kreises von 25.000 Meilen ist eine enorme Belastung zu erwarten. Der Abrieb von Kalkstein in riesigen Massen gefunden wird, durch den Prozess der Hitze, wandeln sie in Kalk. Der Kontakt mit Wasser, der überall auf der Erde stattfindet, setzt den Vulkan in Gang, der durch das Löschen dieser kleinen Menge von in Kalk umgewandeltem Gestein eine Hitze erzeugt, die sich entzünden und mehr Kalk produzieren oder andere brennbare Stoffe erreichen kann, die dadurch in Brand gesetzt werden können; oder wenn sie mit anderen Stoffen in Berührung kommen, würde dies zu Reservoirs von Öl und Gas und zu Ablagerungen von Kohle und Schwefel führen. Diese können, wenn sie entzündet sind, in einem leicht schlummernden Zustand verbleiben und für Ewigkeiten brennen, aber das Wasser wird der ständige Angreifer sein und sich von Zeit zu Zeit manifestieren, indem es mit diesen brennenden Kräften in Berührung kommt und so die vulkanischen Eruptionen hervorruft und mit der Zeit der Sieger sein wird, und der Krater des Vulkans wird zu einem See werden, wovon es überall auf der Erde Beweise gibt. Dass Vulkane nur örtlich begrenzt sind, so wie Brände in unseren Häusern, ist aus der Tatsache, dass sie brennen und erlöschen, völlig offensichtlich. Diese Theorie der Entstehung von Vulkanausbrüchen lässt sich leicht in jeder Küche oder Gießerei des Landes demonstrieren. Kessel mit heißem Fett oder geschmolzenen Metallen, die mit Wasser in Berührung kommen, lösen in kürzester Zeit einen Miniaturausbruch aus. Es ist üblich, von Vulkanen zu sprechen, die Rauch ausstoßen, aber es ist selten, dass solche Fälle jemals eine Tatsache sind, aber anstelle von Rauch sollten wir Dampf sagen. Das Ergebnis der Reibung zur Erzeugung von Effekten, so behaupten wir, wird bei Baumwolltransporten gut veranschaulicht. Baumwolle, die aus Indien im Laderaum des Schiffes verschifft wird, fängt selten, wenn überhaupt, Feuer. In diesem Land ist das nichts Ungewöhnliches, und warum? In Indien bindet man die Ballen mit Jute oder Hanf, hierzulande mit Eisenbändern. Im Laderaum des Schiffes gibt es natürlich eine ständige Bewegung und ein Aneinanderreiben der schweren Ballen, wodurch das Feuer in der Ladung oft entsteht. Auf diese Weise wird der Vulkan ausgelöst, aber früher oder später wird er durch Wasser gelöscht. Bei allen Vulkanausbrüchen werden große Mengen an Wasser, Dampf, Schlamm, Asche, Steinen, Lava und Schwefel ausgestoßen. Während der Erdbebenkonvulsionen, die im Allgemeinen Vulkanausbrüchen vorausgehen, kommt es überall auf der Welt zu einem Ausbruch neuer Quellen und zu einer Zunahme der bereits vorhandenen Ströme.

WOZU SIND VULKANE DA?

Wenn sie, wie von einigen behauptet wird, als Schlote für die innere Schmelze dienen, warum sterben dann so viele von ihnen aus und werden fast ausnahmslos zu Seen in ihren Kratern?

Da das gesamte Zentrum der Erde eine geschmolzene Masse ist, müsste es genug Feuer geben, um sie ununterbrochen in Gang zu halten. Woher kommt das Wasser, um an Orten, an denen es selten regnet, einen konstanten Ausstoß von Dampf und Dämpfen aufrechtzuerhalten?

Es sieht so aus, als ob die kleine Menge Regen oder Schnee, die fällt, ziemlich ausgetrocknet wäre, bevor sie einen Punkt erreicht, an dem sie durch den Kontakt mit geschmolzenem Gestein eine Eruption auslösen könnte, oder dass eine solche Menge in einem so riesigen Kessel Dampf aufrechterhalten könnte. Es gibt keinen Grund zu der Annahme, dass ein Tropfen Regenwasser jemals in einen Vulkankrater gelangt, es sei denn, er fällt in den offenen Kraterschlund, was unmöglich ist.

Haben Vulkane einen besonderen Nutzen für die Erdwirtschaft? Neigen sie dazu, Wasserläufe aus dem Inneren zu öffnen und durch ihre Erhebungen auf den Kontinenten und Inseln der Erde natürliche Hochbehälter zu schaffen, aus denen die tiefer gelegenen Regionen der Erde bewässert werden können? Schicken sie nicht bestimmte Gase aus, die sich in der Atmosphäre vermischen und günstige Auswirkungen auf die Vegetation und das tierische Leben haben? Ist die Umgebung von Vulkanen nicht bekannt für die guten Früchte und Weine in den Breitengraden, in denen sie wachsen?

VIII. REGENFÄLLE.

Da dieses Kapitel den Niederschlägen gewidmet ist, mögen einige einleitende Bemerkungen angebracht sein. Das wesentliche Bedürfnis auf der Erdoberfläche für das Wachstum der Vegetation und die Erhaltung des Lebens, das in irgendeiner Form davon abhängt, besteht in der allgemeinen Bewässerung, die die Natur durch ihre interne Wasserversorgung mit ihren Abflüssen von Quellen und Seen nicht leisten konnte, außer durch künstliche Nutzung. Die Niederschläge auf der Erde sind ebenso wenig dazu bestimmt, Quellen, Seen und Meere zu füllen, wie sie uns mit Brennstoff versorgen. Er dient lediglich der Oberflächenbewässerung der Vegetation und hat auf die Existenz lebendiger Quellen und unterirdischer Wasserabflüsse nicht mehr Einfluss als die Mondfinsternis. Es hat nie einen Regen gegeben, außer vielleicht zur Zeit Noahs, der die allgemeine Oberfläche des Landes bis zu einer Tiefe von drei Fuß benetzt hat, und selten bis zur Hälfte davon. Es wird allgemein als ein guter, durchdringender Regen bezeichnet, der den Boden von den Kartoffelhügeln befeuchtet, und um das zu befeuchten, was der Boden ein bis zwei Fuß halten kann, ist eine ungeheure Wassermenge erforderlich. Die Besitzer von Orangenhainen behaupten, dass eine Wassermenge von sechs Zoll Tiefe erforderlich ist, um den Hain gründlich zu bewässern. Wenn die Behauptung stimmt, dass der Regen keine Auswirkungen auf die Versorgung der Quellen und Seen hat, werden Sie sich fragen, warum nach einer langen Dürreperiode und einem starken Regenfall die Quellen wieder sprudeln und Wasser in Brunnen zurückfließt, die eine Zeit lang trocken waren? Die Auswirkung auf diese Versorgungsquellen ist einfach die gleiche, die sich ergibt, wenn ein Schwamm befeuchtet wird, um Wasser aufzunehmen, das in einem trockenen Schwamm nicht absorbiert und aufgenommen werden kann. Sie können sich leicht von dieser Wirkung überzeugen. Um zu zeigen, dass das Wasser bergauf oder von der Erde weg fließt: Wenn die Erdoberfläche gesättigt ist und an manchen Stellen in die Fugen und Spalten des Gesteins und des Bodens eindringt, bildet sie sofort ein Anziehungsmedium für das Wasser, dem es folgt. Ein weiterer triftiger Grund ist der allgemeine Zustand der Atmosphäre von der Zeit der Dürre bis zu einem Zustand der Feuchtigkeit, in dem sie nach der Befeuchtung wirklich zu einem riesigen Schwamm wird. Im Gegensatz zu der Behauptung, dass Niederschläge keinen oder nur einen geringen Einfluss auf die Entstehung von Quellen, Seen oder lebendigen Brunnen haben, stellt sich natürlich die Frage nach den Quellen, die in gewissem Maße bereits beantwortet wurde. Es ist jedoch eine sachdienliche Frage und eine angenehme Frage, die vollständig zu beantworten ist.

In den Sommermonaten, die am häufigsten vorkommen, wird die Luft heiß und trocken. Die Erdoberfläche verliert die Feuchtigkeit des Lufteinflusses und die Sonnenwärme verdampft die Feuchtigkeit, sie wird im Allgemeinen trocken und kann somit die Feuchtigkeit von unten nicht mehr aufnehmen.

Da die Atmosphäre manchmal monatelang sehr trocken ist, wird der Boden entsprechend trocken und staubig bis in die Tiefe. Aus diesem Grund gehen die Quellen und das Wasser in den Brunnen zurück und versinken. Es ist leicht, Menschen zu finden, die in Zeiten der Dürre die folgenden scheinbaren Phänomene beobachtet haben: Nach einer wochen- oder monatelangen Dürreperiode, bevor es überhaupt geregnet hat, fangen die Brunnen, die lange trocken waren, oft an zu sprudeln, und die Brunnen beginnen sich mit Wasser zu füllen, und das ohne einen Tropfen Regen.

Genau hier kommt die angenehme Aufgabe, die Frage vollständig zu beantworten: Wie kann das geschehen, ohne dass der Regen durchnässt?

In solchen Zeiten, in denen die Erde und die ganze Natur nach Wasser dürstet und jede Quelle für immer versiegt zu sein scheint, wird der Tag kommen, der diese Beweise bringen wird.

Die Alten werden über Rheuma klagen; die Knochen der Männer werden schmerzen; Gänse werden sich im Staub waschen; der Pfau wird schreien; Vögel, Tiere und Pflanzen werden eine Feuchtigkeit in der Luft spüren und ahnen, dass der Regen nahe ist. So wie die Atmosphäre das Herannahen und die Vorbereitung auf den Regen schon einige Zeit im Voraus gespürt hat, so spürt auch die ganze Natur seine Auswirkungen. Um den verbrannten oder trockenen Zustand der Luft zu veranschaulichen, können Sie diesen Test durchführen: Nehmen Sie einen Eimer Wasser und einen trockenen Schwamm, so groß wie Ihr Kopf, und legen Sie den Schwamm auf die Oberfläche, und es wird lange dauern, bis der Schwamm das Wasser aufgesogen hat und vollständig gesättigt ist. Machen Sie den Schwamm vor dem Test nass und drücken Sie ihn so gut wie möglich aus, dann legen Sie ihn auf, und er wird sich rasch und schnell füllen. Gießen Sie einen Eimer Wasser auf den Boden und machen Sie das gleiche Experiment. Dein Schwamm wird sich überhaupt nicht füllen, wenn er trocken ist, nur ein wenig, wenn er mit dem

Wasser in Berührung kommt; aber befeuchte ihn wie zuvor, drücke ihn fast trocken und wirf ihn auf die Wasserpfütze, und er wird sich sofort vollsaugen und das Wasser wie eine Pumpe hochziehen. Man kann einen Boden nicht mit einem trockenen Schwamm wischen.

Die Quellen und Brunnen, die aufgrund des Mangels an Feuchtigkeit in der Luft, die an die Oberfläche dringt, ausgetrocknet sind und sich ein wenig von ihrem üblichen Niveau entfernt haben, fühlen sich schnell wieder feucht und werden durch den gleichen Einfluss nach oben gezogen wie das Wasser durch den feuchten Schwamm aufsteigt.

Die Atmosphäre erfüllt die gleiche Aufgabe wie ein Schwamm, und das ist der Grund, warum die Quellen und Brunnen wieder fließen, bevor ein Tropfen Regen gefallen ist, und der, wenn er in großen Mengen kommt, noch zur allgemeinen Wirkung beiträgt, indem er einen stärkeren Luftzug auf die Brunnen unten macht.

Eine weitere Frage, die man den Wissenschaftlern stellen sollte, ist diese: Wenn die Niederschläge Quellen und Seen beeinflussen, wie kommt es dann, dass die Analyse von Mineralquellen in allen Teilen der Welt nicht von jedem Wechsel der Jahreszeit beeinflusst wird? Wie kann man sich auf die Wässer von Saratoga, Karlsbad, Waukeska, Kissengen oder einer anderen Quelle dieser Art verlassen, um einheitliche Ergebnisse zu erhalten? Wie kann diese große Vielfalt an Quellen so nahe beieinander liegen und so unterschiedliche Heileigenschaften besitzen wie zum Beispiel in Saratoga? In einem Umkreis von zwei oder drei Meilen gibt es Quellen, von denen eine kathartisch, eine andere harntreibend, eine andere brechreizlindernd, eine andere tonisierend usw. ist, wobei keine zwei gleich sind, sondern ihre Individualität zu allen Zeiten, ob nass oder trocken, beibehalten? Sie werden nur in ihrer Durchflussmenge durch die gleichen atmosphärischen Bedingungen von Trockenheit oder Feuchtigkeit beeinflusst, wie gerade beschrieben.

Wenn die Atmosphäre stark mit Feuchtigkeit beladen ist, wird sie zu einem riesigen Schwamm, und dieser Zustand der Luft ist offensichtlich das, was im Sommer die Gewitterschauer auslöst. Da alle Hügel und Berge das Ergebnis von Wasserumwälzungen sind, sind sie aus diesem Grund die Wasserreservoirs für die Bewässerung der Erde und reagieren daher schneller auf atmosphärische Bedingungen als die Ebenen.

Fast ausnahmslos bilden Gewitterschauer ihren Kern auf den Köpfen von Bergen und Hügeln.

Nach einer Dusche können wir den Zustand und die Ergebnisse sehen. Das Gesicht der Natur lächelt nach der erfrischenden Wäsche; jeder Baum und jede Pflanze hat ihr Blattwerk voller neuem Leben getrunken; die Schwüle der Luft hat sich in Frische verwandelt. Alles belebte Leben scheint sich neu zu beleben, und wenn sich die Wolken verziehen und die schnell angeschwollenen Bäche in die Flüsse, Seen und Meere strömen, scheint es, als wäre fast eine Sintflut vorbeigegangen.

Die Bemerkungen: "Was für ein schöner Schauer!" "Was für ein dringend benötigter Regen!" "Was für eine Wohltat!" usw., gehen zwischen den Nachbarn hin und her. Farmer Smith kommt vorbei und sagt, dass er in seinen Garten gegangen sei, um Kohlpflanzen zu setzen, und dass der Boden nach etwas mehr als einem Zoll staubtrocken gewesen sei; dass dies zwar dem Gras, und "sich" sehr gut tun werde, dass aber ein guter Sprühregen nötig sei, um bis auf den Grund der Kartoffelhügel vorzudringen.

Das ist die Geschichte der meisten unserer ergiebigen Regengüsse, die eine halbe Stunde lang alles überschwemmen, aber kein Tropfen erreicht die Wurzeln der Waldbäume in irgendeiner Tiefe oder tut etwas anderes, als die Oberfläche vorübergehend zu befeuchten und zu erfrischen.

Da dies in den Prärien und ungebrochenen Ebenen der Fall ist, hinterlässt die Verdunstung von zwei oder drei Tagen Sonne fast den Zustand einer Wüste. Dies war der Fall in unseren neuen Staaten, Nebraska, Kansas, Colorado und Indianerterritorium, die, jetzt so produktiv, wie unsere frühe Geographie sie beschreibt, bevor der Boden gebrochen wurde, um den Regen für eine Weile zu halten, die große amerikanische Wüste waren.

An einem heißen Tag ist die Luft in den Tälern still und erdrückend. Wenn man aus dem Tal auf die Hügel oder Berggipfel hinaufsteigt, findet man eine kühle und erfrischende Brise; die Feuchtigkeit in der Luft wird kondensiert. Hier scheint die Philosophie der Blitze eine wichtige Rolle zu spielen. Die kalten Luftströme und die Feuchtigkeit, die sich sammeln, scheinen mit diesem subtilen und wunderbaren Mittel in Kontakt zu kommen, und das Ergebnis ist wie Feuer zu Pulver, ein lebhafter Blitz und eine Explosion. Stellen Sie sich an einem schwülen Tag in die Ebene und beobachten Sie den kleinen weißen Kamm dessen, was wir eine Gewitterwolke nennen. Der Bauer, der sein Heu niedergelegt hat, wird sie mit ein wenig Besorgnis bemerken. Der Segler wird an seine Segel denken, und die Picknicker werden daran denken, nach Hause zu gehen. Bald blitzt es, und eine dunkle Basis bildet sich. Bald ist das Grollen des Donners zu hören; die

Mädchen mit ihren Hauben beginnen, besorgt zu schauen. Der Kapitän auf seiner Jacht gibt den Befehl, die Segel zu reffen, und Farmer Jones und seine Jungs kämpfen mit dem Heu um ihr Leben.

Die kleinen weißen Wolken von vor einer Stunde haben sich in einen schwarzen und bedrohlichen Artilleriepark verwandelt. Jede Entladung verdichtet und verdunkelt die vorrückende Kolonne.

In dem Moment, in dem die Segel des Schiffes gesenkt und fest gerefft sind, in dem Moment, in dem der Bauer sein Gespann mit einer Ladung Heu oder Getreide in die Scheune treibt und das Picknick fast unter Dach und Fach ist, beginnen die großen Regentropfen zu prasseln. Ein weiterer Blitz und ein schnelles Geräusch, ein fast ebenso lauter Schrei der Mädchen, und sie eilen in den Schutz, und ein Sturzbach von Regen geht nieder.

Ein kurzes Nachlassen, ein weiterer Blitz, und wie beim Schütteln eines Obstbaums scheint jede elektrische Explosion einen neuen Vorrat an Regentropfen herunterzuschütteln. Dies steht im Einklang mit der Theorie, dass nach großen Schlachten der Kanonendonner einen üppigen Niederschlag erzeugt.

Es ist eine Methode, die manchmal von militärischen Garnisonen angewandt wird, wenn sie kein Wasser haben und die Atmosphäre günstig für Regen ist, um eine Artilleriebatterie herauszuholen und eine Saison lang kräftig zu feuern, und das im Allgemeinen mit erfolgreichem Ergebnis.

Und während all diese großartige und vollständige Anordnung die Vegetation mit ihren Bädern und Getränken versorgt, hat sie, wie gesagt, nichts mit der lebendigen und dauerhaften Versorgung unserer Quellen, Seen und Flüsse zu tun. Sie werden aus einer nie versiegenden und fast unveränderlichen Quelle gespeist, nämlich aus dem ungeheuren Vorrat, der an den polaren Löchern in einem über 4.000 Meilen breiten Fluss an jedem Ende der Erdachse aufgenommen wird.

Dass die Annahme, dass alle unsere Seen, Quellen und Brunnen durch Niederschläge gespeist werden, nie in Frage gestellt wurde, scheint der Beobachtungsgabe unserer Zeit fast unwürdig zu sein. Unabhängig von der Art der Niederschläge, sei es durch lang anhaltende Stürme oder plötzliche und ergiebige Schauer, kann uns nicht entgehen, dass der größte Teil des Wassers vom Hochland ins Tiefland in die Schluchten und kleinen Bäche und von dort in die Flüsse und in den Ozean fließt, so dass der Prozentsatz des vom Boden zurückgehaltenen Wassers viel geringer ist als der, der abfließt.

In unseren westlichen Prärien, dem Land, das früher Indianerterritorium genannt wurde, war der Boden mit einer fast wasserdichten Matte aus Graswurzeln bedeckt, in die bei Regenschauern nur so wenig Wasser eindrang, dass sie innerhalb weniger Tage durch Verdunstung verdorrt und ausgetrocknet waren. Seit der Besiedlung unserer Gebiete, die früher als Wüsten bezeichnet wurden, ist der Boden durch den Pflug der Farmer aufgebrochen worden, so dass die Niederschläge länger in der Bodenoberfläche verbleiben können, was dazu geführt hat, dass sich einst als unfruchtbar geltende Gebiete zu einigen der fruchtbarsten Böden in unserem Gebiet entwickelt haben.

Eine weitere Besonderheit des Klimawandels sei hier erwähnt: Während bis vor wenigen Jahren Gewitter und Stürme in vielen unserer westlichen Staaten und auch in den pazifischen Staaten fast unbekannt waren, sind diese Stürme und Schauer mit ihren elektrischen Störungen heute fast so häufig wie in älteren Staaten.

Ein weiteres Merkmal des Wetters, das sich in den letzten Jahren zu entwickeln scheint, ist das Auftreten milderer Winter in unseren nördlichen Staaten und kälterer Ausbrüche in den südlichen Staaten; Schnee und Frost erreichen Staaten, die solche Erfahrungen selten gemacht haben, und die Belastungen durch Schnee werden in Staaten, die immer eine lange Schlittensaison erwartet haben, viel geringer.

Es wird vorgeschlagen, die folgenden Gründe als förderlich für einen Großteil dieser Veränderung der Wetterbedingungen des Landes im Allgemeinen zu nennen. Erstens, die allgemeine Abholzung unserer Wälder, die offensichtlich einen großen Einfluss auf die Wasserläufe hat. Dann die Besiedlung des ganzen Landes und die Ansiedlung von Städten und Ortschaften von Ozean zu Ozean, alle ziemlich gleichmäßig verteilt, und in einem großen Teil von ihnen große Mengen von Maschinen, bestehend aus Eisen und Stahl, die eine große Menge an Reibung und elektrischen Einfluss in ihrer Arbeit erzeugen; neben den fast unzähligen Bränden von Öfen, Fabriken und Haushalten, die ihre Wärme in die obere Luft ableiten. Auch das Eisenbahnsystem mit seinen Millionen Tonnen Stahlschienen stellt eine magnetische Verbindung zwischen jedem Staat und fast jedem Bezirk her und bildet eine große Einheit. Die Eile von Tausenden von Zügen im ganzen Land, mit ihrer Reibung durch die Räder auf den Gleisen und der Eile durch die Atmosphäre, kann nicht umhin, einen großen Einfluss auf den Ausgleich derselben zu haben. Ein weiterer starker Einfluss muss in der fast unbegrenzten Anzahl von Drähten für Telefon- und Telegrafiezwecke bestehen, die alle elektrischen Kombinationen vollständiger als alles andere machen. Wenn all diese Dinge zusammenkommen, scheint es nicht verwunderlich, dass die magnetischen und elektrischen Ströme und die Bedingungen unseres Wetters im ganzen Land etwas verändert werden sollten.

IX. FRÜHLINGE.

Der Mensch, der seine Gesundheit in vollen Zügen genießt, schätzt sie selten so sehr, wie er sie zu schätzen weiß, wenn sie ihm entzogen wird und er sie wiedererlangt.

Die Gaben der Natur sind so groß und alltäglich, dass sie unsere Aufmerksamkeit nicht in dem Maße auf sich ziehen wie einige Kleinigkeiten, die uns jeden Tag neu begegnen. Einer der größten Vorräte der Natur, der so universell ist wie Luft und Erde, sind die Millionen von Quellen, die in allen Ländern und Klimazonen aus den Poren der Erde sprudeln. Um diesen Vorrat an frischem Wasser in ausreichender Menge zur Verfügung zu stellen, bedarf es sehr großer Vorratsbehälter. Die Größe dieses Reservoirs, wenn die Situation so ist, wie in diesem Buch behauptet wird, wird wohl jeder zugeben. Um zu beweisen, dass dieser Vorrat aus einer solchen allgemeinen Quelle stammt, müssen eine Reihe von Beweisen erbracht werden. Einer der wichtigsten ist sicher die Speisung von unserer großen Seen in den Höhenlagen. Diesen großen Süßwasserkörpern wird allgemein eine enorme Tiefe an reinem, klarem Wasser zugeschrieben, wie sie als Ergebnis von Schmelzwasser niemals existieren könnte. Viele von ihnen werden praktisch nicht von Bächen gespeist, sondern schütten ohne Rücksicht auf die Witterungsbedingungen der Jahreszeiten riesige Wassermassen aus, ohne dass sich ihr Volumen ändert. Der Lake Superior soll hier noch einmal als prominenter Zeuge herangezogen werden. Es handelt sich um einen Binnensee, der auf dem höchsten Punkt zwischen dem Ozean und den Rocky Mountains liegt und so groß ist, dass Schiffe tagelang auf ihm fahren können, ohne das Land zu sehen. Kein einziger bedeutender Fluss fließt in ihn hinein, da das Land um ihn herum die Bildung eines großen Stroms nicht zulässt.

Das Wasser hat in den heißesten Sommermonaten eine gleichmäßige Temperatur von fünfundvierzig Grad und ist so klar wie Kristall.

Der Abfluss dieses Sees speist den großen Fluss, der durch Sault Ste. Marie fließt und durch den eine größere Tonnage von Schiffen als durch den Suezkanal fließt, und die meisten von ihnen haben einen sehr großen Tiefgang. Dieser Fluss fließt zusammen mit dem Wasser des Michigan- und des Huronsees durch den Detroit River und den Eriesee und über die Niagarafälle. Es wird auch behauptet, dass aus dem Lake Superior ein großer unterirdischer Strom in den Ontariosee fließt ( ), der zusammen mit dem Niagarastrom den Sankt-Lorenz-Strom bildet, der so reichlich Wasser führt, dass er vor Überschwemmungen sicher ist.

Diese Frage ist von Bedeutung: Woher kommen die enormen Wassermengen, mit denen der Lake Superior versorgt wird?

Ohne einzelne Zeugen aufzurufen, werden wir Gruppen aufstellen. Nehmen wir die verschiedenen großen Seen der Welt, Europa, Asien und Afrika, wo alle großen Flüsse ihre Quellen in irgendeinem See zu haben scheinen.

Was die Niederschläge betrifft, ob sie diese Ströme hervorbringen, und wenn ja, wie wird ihr Fluss so gleichmäßig gehalten, oder kommt er aus einer stetigen, unerschöpflichen Quelle, wie sie aus dem inneren Ozean der Versorgung kommen würde?

In der Sierra Nevada und den Rocky Mountains gibt es Seen von enormer Tiefe, wie den Pyramid Lake, Donner, Tahoe und Crater Lakes. In den Adirondacks gibt es Tausende von Seen, in Vermont und New Hampshire und in der White-Mountain-Region, in den Gebirgsregionen von Maine, in West Virginia und den Carolinas sowie in anderen hoch gelegenen und gebirgigen Regionen gibt es viele Seen. Im Flachland gibt es nur wenige Zeugen, denn das einzige nennenswerte Gewässer befindet sich in Utah, einem Salzsee, der unterhalb des Meeresspiegels liegt.

Da das Thema dieses Kapitels unter der Überschrift "Quellen" eingeleitet wird, mag es fehl am Platz erscheinen, diese großen Seen zu erwähnen, in der Annahme, dass sie zur selben Klasse gehören. Aber es besteht kein Zweifel daran, dass sie nicht mehr und nicht weniger als Mammutquellen sind.

Neben dem großen Seensystem der Welt sind die Atolle zu nennen, die im südlichen Pazifik so weit verbreitet sind und auch an anderen Orten auf dem Globus wachsen. Diese Besonderheiten scheinen aus den Gipfeln von unterseeischen Bergen oder alten Kratern entstanden zu sein, die sich mit Süßwasser füllten und aus denen Korallenstrukturen wuchsen, bis sie die Oberfläche erreichten. Die Tatsache, dass diese Atolle im Allgemeinen länglich oder in Ketten wie Gebirgszüge geformt sind, deutet auf den gleichen Einfluss bei ihrer Entstehung hin wie die Umwälzung von Gebirgsketten auf Landflächen durch hydraulischen Druck.

An dieser Stelle stellt sich die Frage, woher das Süßwasser für die Entstehung dieser Atolle kommt. Dass sie durch Süßwasser erzeugt werden, steht außer Frage, denn die Arbeit der Korallen wird niemals ohne eine Fülle dieses Elements zum Aufbau durchgeführt. Dass der Boden des Ozeans viele unterirdische Flüsse hat, wird niemand bestreiten. Dass fast jede Insel im Ozean Quellen mit Süßwasser hat, kann niemand bestreiten. Aber woher kommt es? Viele dieser Inseln haben Thermalquellen, wie Island mit und seinen Geysiren in vielen Variationen. Einige haben gewöhnliches Süßwasser und in der Nähe Quellen mit Mineralwasser. Eine in dieser Region bekannte Insel ist Block Island, wo es sowohl Süßwasser- als auch Mineralquellen gibt, und kleine Seen auf dem Hochland, in denen Süßwasserfische leben. Werden sie mit Regenwasser gespeist?

Mount Desert ist ein sehr guter Zeuge, den man anrufen kann. Es handelt sich um eine Insel mit einem Durchmesser von achtzehn Meilen, die von Salzwasser umgeben ist und sich auf einer Höhe von 1.800 Fuß befindet. 1.200 Fuß über dem Ozean liegen drei schöne Seen: Eagle Lake, Crooked Lake und Echo Lake. In diesen Seen gibt es Forellen mit einem Gewicht von acht bis zehn Pfund. Auf dieser kleinen Insel gibt es Tausende von Quellen, die aus jeder Ritze und jedem Spalt sprudeln. Das Wasser ist rein und klar wie in allen solchen Fällen. Woher kommt es? Die Vorsehung hat dem Menschen und der gesamten belebten Natur kein großzügigeres Geschenk gemacht als die universelle Verteilung von Quellen auf der ganzen Welt.

Nur zwanzig Ruten vom Gipfel des Mount Washington, des höchsten Gipfels in den Neuenglandstaaten, entspringt eine ergiebige Wasserquelle. Das gesamte Gebirgssystem ist voll von Quellen und Seen. Die gesamte Adirondack-Region befindet sich in demselben Zustand. Der Leser, der schon einmal den Rauch seines eigenen Schornsteins außer Sichtweite hatte ( ), wird sich sicher an die vielen Fälle erinnern, in denen er Seen und Quellen auf den Gipfeln hoher Berge gesehen hat, wo kein Wasser in irgendeinem Ausmaß hinkommen konnte, und sich fragen, wie sie dorthin gekommen sind.

Die Annahme, dass der Regen in den Boden eindringt und Wasserreserven bildet, scheint unglaublich, obwohl die Erfahrung eines jeden Menschen, der jemals einen Brunnen gegraben, einen Schacht in einen Berg gegraben oder einen Tunnel unter einem Hügel gegraben hat, eine solche Vorstellung sofort widerlegen sollte. Wenn wir nach unten graben, stoßen wir immer auf Wasser, und je tiefer wir kommen, desto mehr finden wir. Wohin kehrt das Wasser von der Oberfläche zurück, um zurückzukehren? Ein Teil des Wassers, das nach oben kommt, ist salzig, ein Teil frisch, ein Teil heiß, aber meistens von gleichmäßiger Kühle von etwa fünfzig Grad.

X. GLETSCHER.

Es wird viel über das Alter der Gletscher gesprochen. Dabei wird davon ausgegangen, dass sich die Erde irgendwann in einem Zustand befand, in dem sie fast unbewohnbar war, da aus allen Teilen der Welt Beweise für diesen glazialen Einfluss gemeldet werden.

Die Theorie, dass in der Urzeit ein wärmeres Klima herrschte und die Erde sich seit langem abkühlt, lässt kaum Raum für eine universelle Gletscherperiode.

Es erscheint kaum vernünftig, dass die enorme Anhäufung von Pflanzen, die die Kohleablagerungen hervorbringt und die wunderbaren Exemplare der Tier- und Reptilienwelt erhält, durch eine Eiszeit unterbrochen worden sein könnte. Wenn dem so ist, zeigt die Erde in ihrem heutigen Zustand Anzeichen dafür, dass sie sich erwärmt hat, anstatt abzukühlen.

Der Autor bezweifelt ernsthaft, dass die zahlreichen Beweise, die den Gletschern zugeschrieben werden, auf deren Einfluss zurückzuführen sind.

Wenn große Gesteinsbrocken gefunden werden, die in ihrer unmittelbaren Umgebung nichts zu suchen haben und weit entfernten Formationen ähneln, ist die Erklärung, dass die einzelnen Exemplare von Gletschern dorthin getragen wurden, nicht unbedingt schlüssig.

Es mag viele Fälle geben, in denen solche Beweise das Werk von Gletschern sind, aber es scheint nicht so, als ob es einer Eiszeit bedürfte, um die Gesteinsveränderungen hervorzubringen oder die Markierungen auf den Felsen zu zeigen, von denen behauptet wird, sie seien durch Gletscherabschürfungen verursacht worden. Eisberge können jedes derartige Merkmal, das dem Gletscher zugeschrieben wird, hervorbringen und erklären, und es scheint wenig Grund zu geben, daran zu zweifeln, dass ähnliche Beweise, wie sie den Gletschern zugeschrieben werden, in der heutigen Zeit ebenso häufig vorkommen wie in irgendeinem fernen Zeitalter der Vergangenheit.

Es besteht kein Zweifel daran, dass es Eisberge seit den frühesten Bewegungen der Erdmaschinerie immer gegeben hat.

Wie bei der Behandlung von Eisbergen erläutert, bricht eine Fläche von der Ausdehnung einiger unserer kleineren Staaten, die bis zu einer Tiefe von Tausenden von Fuß gefroren sind, ab und schwimmt von den Polarmeeren weg. Angenommen, ein Eisberg, der so groß ist wie der Staat Rhode Island, beginnt, was sehr wahrscheinlich eine kleine Schätzung der Größe von vielen ist, so ist ein solcher Berg, der den tauenden Winden und den Sonnenstrahlen ausgesetzt ist, bis zu Tausenden von Meilen von seinem Ausgangspunkt entfernt, und nach all diesen Expositionen ist oft eine Masse von 300 oder mehr Fuß hoch und 2.000 Fuß tief. Stellen Sie sich das Gewicht und die Kraft eines solchen Körpers vor, der mit dem von Wind und Gezeiten erzeugten Schwung auf den Gipfel eines unterseeischen Berges oder die Spitze eines Hügels trifft. Dort könnten die Spitzen ebenso leicht abgewischt und über weite Entfernungen getragen werden, wie ein Mensch die Spitze eines Getreidemaßes abschlagen und die gleichen Spuren hinterlassen kann, die man Gletschern zuschreibt.

Diese großen Gesteins- und Erdmassen, von denen man annimmt, dass sie aus ihrer ursprünglichen Lagerstätte stammen, werden über weite Entfernungen transportiert, bis das Schmelzen einen Halt gelöst hat, und dann werden sie auf den Grund des Ozeans fallen gelassen und dem Erstaunen und den Mutmaßungen der Zukunft überlassen, wie sie dorthin gekommen sind. Dieser Prozess des Abtragens von hohen Punkten unterseeischer Ländereien muss in der heutigen Zeit genauso ablaufen wie in der Vergangenheit und scheint ein sehr kluges und billiges System des Ausbaggerns zu sein, das von der Vorsehung eingeführt wurde.

Mit den folgenden Überlegungen, wie die Erde ihre Wärme erhält und bewahrt, scheint eine Eiszeit unmöglich und absurd.

WIE ENTSTEHT EIN GLETSCHER?

Auch hier wird der Einfluss der Federn in Anspruch genommen. Da alle Hügel und Berge, so wird hier behauptet, das Ergebnis von Wasser sind, das von der Zentrifugalkraft unterstützt wird, werden die Hügel und Berge zu den Reservoirs für die Versorgung aller unteren Teile der Erde. Diese Anordnung der Natur lieferte die Mittel für die Entstehung eines Gletschers. In den hohen Lagen der Berge, ob in der kalten oder in der gemäßigten Zone, entspringen Quellen; das Wasser fließt den Berghang hinunter in die Täler und wird bald so wasserhaltig, dass es gefriert. Quellen aus verschiedenen Gebirgszügen und benachbarten Höhen tragen ihre Ströme bei, die sich in den tiefen Cañons vermischen und in einer Masse gefrieren. Durch die Anhäufung von Schnee und Regen wächst diese Masse, bis mit der Zeit durch die ständige Zufuhr von Quellen, Regen und Schnee die Bergschluchten gefüllt sind, wie breit und groß sie auch sein mögen.

Diese monströse Anhäufung von Eis muss natürlich durch ihr enormes Gewicht und die ständige Anhäufung an der Oberfläche einen tieferen Punkt suchen und beginnt natürlich, das Talgefälle hinunterzukriechen. Der erste Anfang eines Gletschers ist Quellwasser, das zusammen mit anderen genannten Beiträgen schließlich das erzeugt, was man einen Eisfluss nennen kann.

Unter dem Eis fließt immer ein Strom von Wasser, und viele Luftlöcher und Öffnungen sind auf der Oberfläche an verschiedenen Stellen zu finden, zweifellos durch den Einfluss von Quellwasser, das mit einer Temperatur über dem Gefrierpunkt oder bei den üblichen zweiundfünfzig Grad einströmt, was ungefähr dem Durchschnitt von Süßwasserquellen in allen Breitengraden entspricht. Dieses Zusammentreffen von Einflüssen, die einen Gletscher bilden, zeigt die Absurdität, dass solche massiven Massen, wie von Arktisforschern behauptet, abreißen, die groß genug sind, um bis weit in den Atlantik hinein intakt zu bleiben. Wenn sich diese Gebirgsschluchten füllen, wird natürlich jeder Fels und jeder Baum vom Wasser mitgerissen und mit Eis bedeckt, und alle Objekte, die im Weg stehen, müssen zwangsläufig zu einem tieferen Punkt getragen und schließlich zurückgelassen werden. Dieser Fähigkeit eines Gletschers ist es zu verdanken, dass er all diese scheinbaren Übergänge vollzieht, während Eisberge, die offensichtlich das Tausendfache an Arbeit leisten, den weitaus geringeren Anteil an Anerkennung erhalten.

Seeleute, die sich in der Nähe von Eisbergen aufhalten, haben beobachtet, dass diese im Laufe einiger Monate spürbar viele Meter in die Höhe wachsen, was die Behauptung bestätigt, dass sie ständig von unten aufgestockt werden. Mit dem Wechsel der Jahreszeiten werden diese Ungeheuer von ihren Verankerungen weggetrieben, in Richtung des Äquators, um die Hauptmeere zu kühlen und zu erfrischen, elektrische Luftströme zu erzeugen, das Wunder und der Schrecken der Ozeanfahrt zu werden und unter tropischen Sonnen zu schmelzen; oder andererseits können einige das Innere suchen und zur Kühlung des Wassers beitragen, das sich in erfrischenden Quellen überall auf der Erde manifestiert.

Es gab Zeitungsberichte über große Eismassen, die während des großen Vulkanausbruchs auf der Insel Java herausgeschleudert wurden, aber solche Aussagen eignen sich wohl besser für Zeitungsartikel als für eine Argumentation in dieser Arbeit. Wie lässt sich dieser gleichmäßige Zustand des Quellwassers mit seiner köstlichen, an alle Jahreszeiten und Geschmäcker angepassten Kühle erklären, wenn es nicht praktisch aus einer gemeinsamen Quelle stammt? Wird ein Wissenschaftler darauf antworten?

XI. HÖHLEN.

Diese seltsamen Erscheinungen in der Erde sind nichts, was Neugierde oder Verwunderung hervorruft. Selten findet man Höhlen nur in Kalksteinformationen, die durch langen Kontakt mit Wasser allmählich ausgewaschen werden und monströse Kammern hinterlassen, die früher aus einer festen Masse bestanden haben.

Manchmal kann eine Höhle durch ein Absinken des Bodens entstehen, wobei die gewölbte Decke sich selbst stützt, aber was auch immer die Ursache ist und wo immer Höhlen gefunden werden, ich habe nie von irgendwelchen Höhlen gelesen, die nicht zu unterirdischen Flüssen von großer Reinheit und Kühle des Wassers führen, in deren Wasser fast alle Blindfische vorkommen sollen. Woher stammen die Fische? Die Stalagmiten und Stalaktiten zeugen von dem reichlichen Einfluss des Wassers.

Was ist die Quelle dieser Höhlenflüsse? Stammen sie aus der Versickerung von Regenfällen und gibt es eine Trockenzeit?

XII. ARTESISCHE BRUNNEN.

Dies ist ein Thema, das die Aufmerksamkeit der Siedler in unseren trockenen und scheinbar wüstenhaften Regionen verdient. Man sagt uns, dass die Quelle eines artesischen Brunnens aus Wasserquellen stammt, die in höher gelegenen Gebieten gesammelt und gespeichert werden und die durch verschiedene Gesteinsschichten verlaufen, bis sie die Täler erreichen, und wenn die Bohrung bis zu diesen Schichten hinunterreicht, kommt das Wasser natürlich auf die Höhe der Quelle, aus der es stammt. Wäre es nicht sinnvoll zu fragen, woher das Wasser kommt, das in den höher gelegenen Gebieten zugeführt wird? Dass die anerkannte Theorie, wonach das Wasser für artesische Brunnen von einem höher gelegenen Punkt kommt, nicht stimmt, lässt sich in der Prärie nachweisen, wo kein höheres Land in Sicht ist.

Ein sehr guter Test fand vor einigen Jahren in der Hamilton-Mine statt, die an die große Chapin-Mine in Wisconsin angrenzt. Aufgrund des großen Wasserzuflusses wurde es fast unmöglich , die Mine zu betreiben.

Nicht viel mehr als eine halbe Meile entfernt befand sich ein See, der für die Erzeugung dieser lästigen Strömung verantwortlich war.

Zum Zeitpunkt der vorübergehenden Stilllegung bestritt der Verfasser diese Lösung, und es wurde eine Untersuchung vorgeschlagen, um den Wasserstand im See und im Bergwerk zu bestimmen, die ergab, dass das Wasser im Bergwerk elf Fuß tief stand. Um dieses Eindringen von Wasser zu überwinden, wurde ein geniales Gerät durch den Bau eines Schornsteins über den Punkt des Zuflusses auf die Höhe des Wasserspiegels und stoppen am Boden angenommen; nach der Fertigstellung erlaubt zu füllen.

Als das wahre Niveau erreicht war, war der Rest der Mine in einiger Entfernung darüber trocken. Es ist zweifelhaft, ob es irgendeinen Ort auf der Erde gibt, der nicht mit einem Wasserfluss innerhalb einer Meile in der Tiefe reagiert, und selten muss die Hälfte dieser Strecke gebohrt werden.

In der Mojave-Wüste wird behauptet, dass in einer Tiefe von 200 Fuß und oft noch weniger ein guter Wasserfluss entsteht. Woher kommt das Wasser und woher stammt es? In Michigan, Wisconsin und vielen anderen angrenzenden Staaten werden in einer Tiefe von 100 oder 200 Fuß große, fließende Brunnen gebohrt. Woher kommt dieser universelle Vorrat, und warum ist er von Regen- und Trockenzeiten unabhängig? Der Abfluss aus dem Lake Superior ist in der Trockenzeit im August häufig größer als in der Regenzeit im Frühjahr.

Wenn es in der Erde keinen unerschöpflichen Vorrat an Wasser gibt, woher kommt dann der Einfluss, um eine Oase in einer Wüste zu schaffen?

Wenn artesische Brunnen in unserem trockenen und jetzt fast wertlosen Land gebohrt werden, wird überall dort, wo eine Wasserquelle angezapft wird, eine Oase entstehen, um die herum der Siedler fabelhaften Reichtum an Feldfrüchten produzieren und Futter für das Vieh erhalten kann. Die Kosten für das Bohren von Brunnen werden größtenteils durch die Billigkeit des Landes und die üppigen Ergebnisse der Vegetation kompensiert.

XIII. OASEN.

Diese grünen Flecken in den großen Wüsten sind das Gegenstück zu den Inseln in den Ozeanen.

Wenn sie nicht durch Wasserumwälzungen aufgeworfen und gespeist werden, wie werden sie dann erzeugt? Sind sie vulkanisch? In der Oase von Ammonium oder Siwah, die sechs Meilen lang und acht breit ist, befinden sich die Ruinen des berühmten Tempels und Orakels von Ammon, das von Alexander dem Großen besucht wurde und für den Brunnen der Sonne bekannt ist, dessen Wasser morgens und abends warm und mittags kalt ist.

Nicht weit westlich des Nils, in der Großen Wüste, gibt es mehrere Oasen. Die Alten betrachteten sie als Inseln in einem Sandmeer, aber in Wirklichkeit handelt es sich um hochgelegene Seen, die sich zwar nicht an der Oberfläche zeigen, aber so dicht darunter liegen, dass das Klima im Sommer und im Herbst ( ) zu ungesund ist, um darin zu leben, denn sie haben einen sumpfigen Charakter, sind aber im Winter und im Frühjahr sehr ergiebig. Woher kommt das Wasser, das solche Stellen in den Wüsten erzeugt?

XIV. DINGE, DIE UNS VERWIRREN.

Häufig stellt sich die Frage, wie die Verbreitung von Fischen selbst in den unübersichtlichsten Seen und Quellen, die an so abgelegenen Stellen entspringen und fließen, dass solche Exemplare scheinbar gar nicht dorthin gelangen können, so allgemein ist. Es scheint seltsam, dass einige Arten nur am Kopf eines Baches vorkommen und nicht den ganzen Bach bewohnen. Meere und Seen können ohne sichtbare Mündung in den Ozean existieren und sind dennoch reichlich mit verschiedenen Fischarten besetzt. Wie kann nun eine vernünftige Erklärung dafür aussehen, wie sie dorthin gekommen sind? Es scheint nicht richtig zu sein, zu sagen, dass sie ursprünglich in einem benachbarten Meer oder in der nächsten Nähe des Ozeans existierten, da sie in keinem benachbarten Gewässer vorkommen und ihrem Standort völlig eigen sind und keine verwandten Nachbarn haben. Es scheint nicht der Fall zu sein, dass sie durch irgendeine entfernte Umwälzung und Veränderung der umgebenden Erdoberfläche isoliert wurden, da dies nur die Familie aufteilen und die Art wie eine Einwanderung von den östlichen zu den westlichen Staaten verbreiten würde.

Wie bereits gefragt, woher kommen diese Blindfische in den Höhlen, wo die Bäche keine Verbindung zu den Oberflächengewässern zu haben scheinen? Woher kommen die vielen Exemplare in den Inselseen überall auf der Welt? Auf all diese Fragen scheint es eine einfache Antwort zu geben, wenn wir die Idee akzeptieren, dass das Zentrum der Erde die Gebärmutter ist, die sich entwickelt und durch jede Pore, jeden Saum, jede Spalte und jeden Riss einen neuen Samen und eine neue Form des Lebens aussendet, um eine neue und für uns fremde Existenz zu entwickeln.

Es ist ein biblischer Gedanke, dass "wir aus Wasser geboren werden".

Lebewesen, die ihren Ursprung im Inneren der Erde haben, legen ihre Eier ab, so wie die Fische und Reptilien in unseren Flüssen laichen. Diese Eier oder der Laich oder die Samen des Lebens, in welcher Form auch immer, werden von den Strömen mitgenommen, die durch Zentrifugalkraft und Druck durch die verschiedenen Schichten der Erde fließen, und benötigen auf ihrem hermetisch abgeschlossenen Weg fast beliebig viel Zeit, bevor sie eine Atmosphäre erreichen, in der sie sich zu einer neuen Existenz entwickeln können. Jeder See, jede Quelle oder jeder Brunnen, der ein lebendiger Strom ist, der von den unerschöpflichen Quellen in seinem Inneren gespeist wird, kann aus diesem vielfältigen Lagerhaus und Laboratorium der Natur jedes Exemplar von Fischen, Schuppen, Häuten, Muscheln oder Reptilien jeglicher Form hervorbringen, das kein angrenzendes oder benachbartes Wasser entwickeln kann.

Der Laich oder das Ei kann auf dem Weg nach draußen zerstört oder durch Einflüsse, die seine Reifung verhindern, zurückgehalten werden; oder er landet unter ungünstigen Klima-, Luft- und Wassereigenschaften an der Oberfläche.

Warum gibt es den Maifisch in ähnlichen Küstengewässern nicht? Woher kommen sie, und ist ihr Ursprung dem Golfstrom zuzuschreiben? Wo finden die verschiedenen Schwärme von Blaufischen, Makrelen, Heringen und zahlreichen anderen Fischen ihr Hauptquartier, um sich fortzupflanzen, und warum kehren sie, nachdem sie eine Saison lang andere Gewässer aufgesucht haben, an einen Ort zurück, der ihr "trautes Heim" zu sein scheint?

War Seth Green der Pionier des Transports von Laich zu entfernten Gewässern, um ihn dort auszubrüten? Es ist mehr als wahrscheinlich, dass er es nicht war; bei aller Anerkennung für den großen Dienst, den sein Genie geleistet hat.

Was für die Verbreitung von Fischen, Muscheln und Reptilien gilt, lässt sich auch auf die Vegetation übertragen.

Die Erde ist gefüllt mit dem Samen jeder Pflanze, jedes Baumes und jedes Strauches, der jemals an einem Ort, in einem Klima oder zu einer Zeit zum Leben erweckt wurde. Graben Sie, wie tief Sie wollen , die Substanz, die Sie auswerfen, ob Erde oder Stein, wird, wenn sie der Luft ausgesetzt wird, ein gewisses Wachstum der Vegetation hervorbringen. Oftmals etwas völlig Neues und anderes als die umgebende Vegetation. Die Annahme, dass Ströme, Winde und Vögel alle Samen an die verschiedenen Orte tragen und verteilen, an denen sie isoliert vorkommen, übersteigt die menschliche Leichtgläubigkeit. Auf den Gipfeln der Berge, wo die Bäche nicht bergauf fließen, wo die Vögel selten fliegen und wo es unmöglich ist, dass die Samen vom Wind getragen werden, findet man Arten, die der Höhe, der Atmosphäre und dem Boden eigen sind.

Durch die Kanäle, die sich ewig aus unendlichen Vorräten ergießen und in deren Lager die Samen aus jedem Tal, jeder Ebene und jedem Berggipfel unserer Erde vermischt werden, können sie von dieser Quelle aus in jeden Zentimeter des Bodens, aus dem unsere Erde vom Zentrum bis zur Oberfläche besteht, gestreut und gemischt werden und, wenn sie mit unserer Atmosphäre in Berührung kommen, zu neuen und vielfältigen Existenzen führen.

Man kann sich die berechtigte Frage stellen, ob viele der Reptilienexemplare, die in der Antike als von der Erdoberfläche stammend beschrieben wurden, nicht aus dem Inneren der Erde stammen und sogar jetzt noch Vertreter ihrer Existenz dort haben?

Bestimmte Pflanzen und Gewächse erfordern eine besondere Behandlung und besondere Bedingungen. Wo immer Teichrosen, Pfefferminze, Rohrkolben, Fahnenwurzel, Kresse und Moos in Brunnen zu finden sind, ist dies ein untrüglicher Beweis für lebende Wasserquellen.

Der Ozean bietet jede Möglichkeit des Transports durch das kooperative System von außen und innen. Die Millionen von Samen, die in verschiedenen Klimazonen an der Oberfläche reifen, werden fallen gelassen und von Fluten und Strömungen in den Hauptozean getragen. Einige sinken und bleiben für Jahrhunderte begraben, wobei sie ihre Lebenskeime bewahren, denn der äußere Ozean hat seine regelmäßigen Strömungen und Bewegungen in einem solchen Ausmaß, dass eine allgemeine Verteilung der Samen in unzähligen Jahren nicht möglich wäre.

Durch diesen Weg, der unter dem Eisgürtel hindurchführt, wird jede Sorte mehr oder weniger in dieses allgemeine Gefäß hineingezogen, das sie wiederum nach innen und nach außen trägt und sie im Laufe der Zeit in jeden Zentimeter der Erde filtert, durch den das Wasser fließt, das auf diese Weise das Transportmedium ist.

Auf diese Weise ist jeder Löffel Erde zu gegebener Zeit bereit, jeder Pflanze oder jedem Baum, der jemals existiert hat, neues Leben zu schenken, wenn er dem Einfluss von Luft und Hitze oder sogar Kälte ausgesetzt wird, um seine Art wiederzubeleben.

Auf ihrem Weg an die Oberfläche können sie, wie der Laich der Fische von , Orte mit so großer Hitze durchqueren, dass ihre Lebenskeime zerstört werden, wie es zweifellos bei dem Laich der Fall ist, der durch Gewässer wie die Geysire von Island oder den Yellowstone-Park oder ähnliche Gewässer fließt, deren abfließende Ströme immer einen Mangel an Fischen aufweisen.

Mit der Erde, die so geformt ist, behauptet der Autor, dass sie auf dem Prinzip eines Globus für einen Gasstrahl, offen auf beiden Seiten und präsentiert, wie es dreht sich nach innen ein Trichter-förmigen Eingang, die ohne Zweifel über 1.500 Meilen im Durchmesser; dieser Durchgang wäre genauso groß, um das Auge als die Größe oder die Entfernung zu den Fixsternen, das Auge verlieren alle Vorstellung von Maßnahme, und tausend Meilen ist genauso viel außerhalb unserer Reichweite der Vision als eine Million.

In fast jeder Position, in der man sich vorstellen kann, dass die Erde um die Sonne kreist, muss eine dieser Seiten oder Enden teilweise und manchmal ganz den Sonnenstrahlen ausgesetzt sein, und der Effekt, so scheint es natürlich zu sein, würde die inneren Horizonte genauso hell machen wie die äußeren. Es wird angenommen, dass das Wasser auf jedem Körper als Reflektor wirkt und in gewissem Maße Licht von jedem Planetenkörper abgibt.

Es ist alles Gas, um über den gasförmigen Zustand und die Natur der Sonne und "andere Welten als unsere" zu sprechen. Sie wären bestenfalls eine sehr schlechte Investition und nicht die Arbeit und das Genie einer Macht wert, die in der Lage ist, sie zu erschaffen; 160 Morgen gutes Land an einem produktiven Ort wären mehr wert als 1.000 solcher wirbelnden Pyrotechniken des Raums.

Es ist viel zu vermessen, anzunehmen, dass unsere kleine Erde mit all ihren prahlerischen Städten und Gemeinden die einzige Behausung für den armen, eitlen und sündigen Menschen sein kann.

XV. METEORE.

Es handelt sich dabei um nichts anderes als um Staubpartikel, die von Vulkanausbrüchen auf irgendeinem Planeten abgeworfen werden und in zahllosen Mengen durch Raum und Zeit driften, bis sie in die Atmosphäre eines anderen Himmelskörpers gesaugt werden.

Wer an dem Einfluss der Reibung zweifelt, sollte sich davon überzeugen, wenn er an einem klaren Abend diese Meteorflecken beobachtet, die durch unsere Atmosphäre fallen, obwohl der Prozess sowohl am Tag als auch in der Nacht stattfindet.

Beim Fallen im Raum muss dieser Staub eine unvorstellbare Geschwindigkeit erreichen, denn eine Feder fällt ohne Widerstand so schnell wie eine Bleikugel.

Durch den Kontakt mit unserer Atmosphäre werden sie entzündet und offensichtlich zu Gas verbrannt, bevor sie die Erde erreichen. Früher nannte man sie Sternschnuppen, aber wenn sie von geringerer Größe wären, hätte man sich wahrscheinlich schon vorher den Kopf gestoßen, weil so viele gefallen sind.

XVI. ANZIEHUNGSKRAFT DER GRAVITATION.

Dies scheint eine Frage zu sein, für die es keine ausreichende Autorität gibt. Es hat den Anschein, dass dieser Begriff falsch verwendet wurde und dass "Saugen" eine bessere Bezeichnung für die Agentur wäre.

Dass Körper zu Boden fallen, wenn sie fallen gelassen werden, oder zurückkehren, wenn sie geworfen oder in die Luft geschossen werden, ist nichts anderes als ein Holzstück, das in einen Bach geworfen wird, mit der Strömung schwimmt und ans Ufer treibt.

Die meisten Menschen antworten auf die Frage, von welcher Seite eines Ventilators sie die Luft spüren, wenn sie sich selbst Luft zufächeln, natürlich von der Seite, die ihnen zugewandt ist. Aber wenn Sie das Experiment ausprobieren, werden Sie bald feststellen, dass die Luft nach dem Durchgang des Ventilators kommt und nur den Raum oder das Vakuum ausfüllt, das der Ventilator erzeugt hat.

Man hat sich oft gefragt, warum Menschen, die versuchen, in einen fahrenden Zug einzusteigen, so leicht unter die Räder gezogen und Beine und Arme gequetscht werden. Der Grund ist derselbe wie beim Ventilator: Es wird ein großer Unterdruck erzeugt und ein entsprechender Sog entsteht, um ihn zu füllen.

Ein Mann kann neben einem Zug stehen, wenn er stillsteht, und sich dagegen lehnen oder seine Hand darauf legen, so sicher wie auf dem Bahnhof, aber wenn er sich mit dreißig oder vierzig Meilen pro Stunde bewegt, würde ihn das fast sicher das Leben kosten. Anziehung kann nur durch Affinität möglich sein; Eisen kann von einem Magneten ebenso wenig angezogen werden wie Holz, es sei denn, es besitzt die besondere Eigenschaft, magnetisch zu sein. Die Experimente von Herrn Edison müssen sich ganz auf solche Erzkörper beschränken.

Es kann kein Zweifel daran bestehen, dass es eine Anziehungskraft der Verwandtschaft gibt, wie sie bei Pflanzen, Insekten, Vögeln und Tieren, sowohl Vierbeinern als auch Zweibeinern, zu beobachten ist, da sonst das Werben und Heiraten und alle Mittel zur Vermehrung der Arten umsonst wären und vernachlässigt würden.

Es ist eine allgemeine Annahme, dass wir unsere Wärme von der Sonne durch direkte Strahlen erhalten, aber es ist zweifelhaft, ob sie nur durch ihre unzähligen Lichtstrahlen kommt, durch die die Erde und die Planeten kreisen, und hier setzt die Reibung eines ihrer besonderen Werke ein. Die verbreitete Vorstellung, dass der Mittag die Zeit der größten Hitze ist, ist nicht immer gerechtfertigt, denn andere Einflüsse, wie die Reibung in der Atmosphäre, können Mitternacht wärmer machen als Mittag.

Die konzentrierten Strahlen der Sonne zur Mittagszeit bringen sie natürlich so dicht und direkt zusammen, dass die Erdumdrehung genau über sie hinweggeht, wie man es an den Zähnen eines Kammes demonstrieren kann, wodurch ein größerer Druck entsteht, als wenn man sie schräg zieht.

Dass Wärme direkt von der Sonne kommen kann, scheint ohne ein Kontaktmedium unmöglich zu sein, das durch die Kälte und Kargheit des Raumes nicht zu existieren scheint.

Wenn wir bestimmte Höhen in den Bergen erreichen, finden wir immerwährenden Schnee und Eis, und die gleiche Art von Atmosphäre finden wir auch überall sonst, wenn wir mit einem Ballon in ähnliche Höhen aufsteigen. Es wäre natürlich, eine zunehmende Wärme zu erwarten, wenn wir uns von der Erde in Richtung Sonne entfernen, aber da das Gegenteil der Fall ist, ist es schwer, sich vorzustellen, wie die Temperatur des Raums in einer Entfernung von 1.000 Meilen sein muss.

Wenn die Sonne keine Wärme abstrahlt, wie wird sie dann gewonnen?

Die Antwort wird in Übereinstimmung mit dem ersten Satz in dieser kurzen Arbeit sein. Alle Wärme wird durch Reibung gewonnen, ohne die es keine Wärme geben kann. Die Erde erhält ihre Wärme hauptsächlich durch Reibung in ihrer Atmosphäre.

Die Masse der Atmosphäre, die unseren Planeten umgibt, ist wie ein Ozean aus Gasen und Elementen, die sowohl Wasser als auch Land erzeugen. Die Umdrehung der Erde durch diese Atmosphäre mit einer Geschwindigkeit von 1.000 Meilen pro Stunde, siebzehn Meilen pro Minute, oder fast vier Meilen pro Sekunde, ist für unseren Verstand so unbegreiflich wie die Entfernung zur Sonne. Nur für diese Reibung für eine bestimmte Entfernung von der Oberfläche, würde der gleiche Zustand der Kälte zweifellos auf der Oberfläche wie auf den Gipfeln der hohen Gebirgsketten bestehen.

Die Erde erzeugt ihre eigene Wärme durch Reibung in ihrer Atmosphäre, so wie ein Wagenrad, das in einem losen Reifen schnell gedreht wird. Die Atmosphäre ist praktisch ein Reifen, der uns umgibt, durch den sich die Erde dreht, und erzeugt durch Reibung die Wärme so wirklich, wie ein Mann seine Hände wärmt, indem er sie aneinander reibt.

Dass die Sonne ein unbrennbarer Feuerkörper sein kann, oder dass sie erlöschen kann, ist eine höchst absurde Vorstellung.

Dass die Sonne ein riesiger Körper aus Erde und Wasser ist, kann kaum bezweifelt werden, und ihre Wärme und ihr Licht sind größtenteils auf denselben Einfluss zurückzuführen, den die Erde und jeder andere Planet erfährt.

In den unveränderlichen Angelegenheiten der Natur kann es keinen vollständigen Verbrauch von Material geben, da es einen ewigen und unerschöpflichen Austausch von Angebot und Nachfrage geben muss. Während unser Vorrat an Wäldern und anderen Brennstoffen verbrannt wird, wächst ein anderer und bildet sich etwas, um das Gleichgewicht aufrechtzuerhalten.

In der Natur geht nichts verloren, und es kann auch keine Vermehrung geben; der Entwurf ist grenzenlos, und die Mittel sind unerschöpflich; Duplikate sind in Form, Art, Eigenschaften und Gedanken niemals bekannt; Dies zeigt eines der positivsten Gesetze der Natur, dass die Menschheit nicht einen zentralen Gedanken, ein Glaubensbekenntnis oder einen Zweck annehmen kann, der allgemein befolgt werden soll, da eine solche Ordnung der Dinge das Schreiben der wenigen hier angebotenen Hinweise als Ermutigung zu irgendeinem neuen Gerät zum Nutzen des Menschen für Körper oder Geist völlig ausschließen würde und somit alles in einem Zustand der Stagnation belassen würde, in dem Sparsamkeit, Lernen und Fortschritt unbekannt wären.

Die Natur wiederholt ihre Werke nie, und keine zwei Sandkörner oder Schneeflocken waren jemals genau gleich oder bewegungslos. Bewegung verursacht Reibung. Reibung erzeugt Wärme. Wärme erzeugt Leben.

XVII. WISSENSCHAFTLICHE THEORIEN.

Das Mittelmeer, ein Gewässer zwischen Europa und Afrika mit einer Länge von fast 2.000 Meilen, das von den meisten bekannten Städten des Altertums umgeben ist, blieb in diesen Tausenden von Jahren von Gezeiten, Überschwemmungen oder anderen störenden Ursachen verschont. In dieses Meer, das durch die Straße von Gibraltar fließt, ist während dieser ganzen Zeit ein Fluss aus dem Atlantischen Ozean geflossen, der 15 Meilen breit ist und eine durchschnittliche Tiefe von eineinviertel Meilen hat. Dieser Fluss soll eine so starke Strömung haben, dass es für ein Segelschiff schwierig ist, ohne die Hilfe eines günstigen Ostwindes gegen ihn anzukommen. Diese Wassermenge reicht aus, um das Meeresbecken fast jedes Jahr zu füllen, abgesehen von der Hilfe aller Flüsse Südeuropas und Nordafrikas. Als Grund für die unveränderte Lage wird angeführt, dass die Verdunstung den gesamten Wasserzufluss abträgt, während einige meinen, es müsse eine Unterströmung zurück in den Atlantik geben. Der erste Grund scheint zu lächerlich, um von einem Kind angeführt zu werden. Das Wasser des Atlantiks ist so salzig, dass ein gewöhnlicher Eimer voll über ein Pfund Salz enthält. Wenn die Verdunstung der Grund für seinen gleichmäßigen Zustand ist, könnte es kein anderes Ergebnis geben als einen Salzberg, der so groß ist wie der Himalaya, und das lange vor dieser Zeit.

Die Behauptung einer Gegenströmung ist fast ebenso absurd. Dass das Meer sein Wasser in einer Unterströmung abführt, die durch die Nachbarschaft des Kaspischen und des Aralsees verläuft, ist wahrscheinlicher als dass das Wasser gegen eine starke Strömung aus dem Atlantik und gegen die Zentrifugalkraft zurückläuft, die die Bewegungen von relativ jedem anderen Wasserlauf auf der Erde bestimmt.

So viel zu diesem Thema und zu allen Kritikpunkten, die vorgebracht werden könnten. Die dazwischen liegenden Seen zwischen dem Kaspischen Meer und dem Aralsee füllen sich saisonal mit Salzwasser, aus dessen Verdunstung sich riesige Mengen an Salz ansammeln. Woher kommt dieser Vorrat an Salzwasser, der jedes Jahr Hunderttausende von Tonnen Salz hinterlässt?

XVIII. OBERFLÄCHENEINFLÜSSE DES WASSERS UND ÄNDERUNG DER POLARITÄT.

Den schleichenden Veränderungen, die das Wasser auf der Erdoberfläche hervorruft, wird nur wenig Aufmerksamkeit geschenkt.

Es vergeht kein Tag, an dem nicht eine große Menge an Material von einem Ort zum anderen transportiert wird. Jeder Schauer führt von einem höher gelegenen Punkt zu einem tiefer gelegenen, und ein gewisser Anteil der Drift geht in Richtung eines Ozeans. Kleine Ströme tragen zu größeren Strömen bei, und alle führen zu den großen Ozeanreservoirs. Wenn man unser Land durchquert, sieht man viele wichtige Beweise für die immense Arbeit, die das Wasser bei der Beseitigung riesiger Flächen und Tiefen des Landes leistet.

Eine der auffälligsten und offensichtlichsten, die der Autor gesehen hat, befindet sich im Tal des Rio Grande, bei der Durchquerung von New Mexico und an einigen anderen Stellen. Über mehr als 100 Meilen durch dieses Tal scheint man im Frühjahr und Sommer einem gewöhnlichen Bach zu folgen, der kaum eine Vorstellung von der Bedeutung vermittelt, die einem Strom wie dem Rio del Norte beigemessen wird. Sie sehen einen Bach, der nur dreißig oder vierzig Fuß breit ist, mit steilen, abrupten Ufern, die aus einer Art Lehmboden bestehen und etwa sechs bis zehn Fuß hoch sind.

An verschiedenen Stellen in den Biegungen des Flusses werden diese senkrechten Erdwälle in regelmäßigen Abständen ins Wasser gestürzt sein. Bei der nächsten jährlichen Erfrischung wird diese aufgelockerte Erde in Richtung Golf von Mexiko weggetragen, und Teile davon gelangen dorthin, während andere Teile an verschiedenen Stellen auf dem Weg liegen bleiben.

Dieser sichtbare und natürliche Prozess ist seit Jahrhunderten im Gange, und die Auswirkungen dieser unaufhörlichen Arbeit und des erstaunlichen Ergebnisses sind über Hunderte von Kilometern zu sehen, soweit das Auge reicht.

Hier folgen die Beweise für diese lange und fleißige Arbeit. In allen Richtungen sieht man Hügel oder riesige Erdhügel, wie umgedrehte tiefe Pfannen, mit flachen Böden, in allen Größen, so dass ihre flachen Spitzen von einem bis zu Hunderten von Hektar umfassen würden. Diese Hügel haben alle ziemlich steile Flanken, die in jeder Regenzeit überspült werden. Wenn

Sie den Charakter dieser hohen Hügel studieren, werden Sie bald davon überzeugt sein, dass es sich nicht um Erhebungen handelt, da ihre Spitzen in allen Richtungen ein gemeinsames Niveau zu haben scheinen. Unter diesen Hügeln finden sich gelegentlich solche, die bis auf eine Spitze weggeschwemmt wurden, und hier und da ist einer auf die Hälfte seiner ursprünglichen Höhe reduziert. Diese Hügelkuppen, wenn man sie so nennen darf, waren zweifellos zu einem sehr fernen Zeitpunkt in der Vergangenheit die gemeinsame Ebene des Landes über Hunderte von Kilometern, und da sie im Durchschnitt 100 Fuß oder mehr hoch sind, ist es jenseits der Kraft von Vermutungen, die Zeit abzuschätzen, die erforderlich war, um die gesamte riesige Fläche wegzuschwemmen, die einst existierte, um die Ebene dieses Tals zu bilden.

Ein weiteres ähnliches Beispiel findet sich in und bei River Falls in Wisconsin, einer Stadt am Ostufer des Mississippi, etwa dreißig Meilen östlich von St. Paul. Hier scheint das gleiche Ereignis stattgefunden zu haben: der größte Teil des Landes wurde weggeschwemmt und hinterließ ähnliche Hügel mit ihren flachen Spitzen, auf denen sich viele ausgedehnte Farmen befinden, zu denen an einigen günstigen Stellen an ihren Seiten sehr steile Straßen führen. Diese Hügel scheinen verschiedene Schichten aus weichem Gestein zu haben, auf denen sie stehen, die unterste und dickste aus grauem Sandstein, ganz weich, und muss, mit den anderen, allmählich durch Fröste und andere Kräfte zerfallen werden. Nur eine gelbliche Schicht ist stark genug, um für einige Bauzwecke verwendet werden.

Während es Hunderte dieser Hügel gibt, die einst das ganze Land bedeckt haben müssen, ist das, was jetzt noch übrig ist, ein sehr ebener und fruchtbarer Boden, der einige der besten Weizen- und Kartoffelsorten des Staates hervorbringt.

Diese Fälle sind nur zwei von Tausenden ähnlicher Art in diesem Land und in der ganzen Welt.

Die Tendenz dieser Drift ist meist so, dass die Wasserströme in Richtung des Äquators oder des Zentrums der größten Bewegung fließen.

Die riesigen Wüsten und anderen Sandanhäufungen auf der Erde sind nur die Ablagerungen alter Flüsse in den damals existierenden Meeren, die durch spätere Umwälzungen an der Oberfläche, durch innere hydraulische Kräfte, in andere Bettungen verlagert wurden, und die Wüsten wie Sahara, Atacama, Mojave und die Steppen des asiatischen Tartariens bleiben als Beweise.

Bei diesen enormen Veränderungen des Bodens scheint es vernünftig zu sein zu glauben, dass eine gleichmäßige und unveränderliche Umdrehung der Erde kaum möglich sein kann, und dass während langer Jahre mehr oder weniger Veränderungen sowohl in der Form als auch in der Zeit der Umdrehung vorgenommen werden müssen. Ist nicht beides eingetreten? Wenn man das Quinnipiac-Tal hinunter nach New Haven, Conn. fährt, fragt man sich wahrscheinlich, woher diese Sandebenen stammen. Manche meinen, der Connecticut sei einst dort geflossen, andere der Niagara oder der St. Lawrence; wenn dem so ist, woher haben sie dann den Sand gebracht?

Denken Sie an die Veränderungen, die in der Zukunft eintreten werden, wenn die Niagarafälle sich ihren Weg zurück zum Eriesee bahnen und dessen Wasser abfließen lassen, um ihn zu einem großen Fluss auszubauen.

Offensichtlich wurde ein Kanal abgesenkt, um die Oberfläche des Michigansees zu begradigen, denn wenn man Chicago mit dem Boot verlässt, kann man deutlich sehen, dass das Wasser am westlichen Ufer einst zwanzig oder mehr Fuß über dem heutigen Niveau lag. Entweder hat sich der See gesetzt oder das Land hat sich gehoben. Da sich die Wüsten fast alle unterhalb der Meeresoberfläche befinden, ist es nicht wahrscheinlich, dass diese enorme Anhäufung von Sand zu einer solchen Absenkung geführt hat, während die Verlagerung von anderen Orten die Erdkruste so weit verdünnt hat, dass der innere Wasserdruck die Hügel und Berge, durch die die großen Wasserläufe der Erde gespeist werden, leicht anheben konnte? Denken Sie an den Transport von Erde in die Deltas des Mississippi, des Amazonas, des Ganges und anderer Flüsse in Höhe von Millionen und Abermillionen von Tonnen jedes Jahr, und stellen Sie sich vor, wann die Zeit kommen wird, in der die Erde sich der Form eines Rades oder Rings nähert, näher als ein Globus, und eine kleine Nachahmung des Saturns wird.

Wenn man davon ausgeht, dass dies eine Ursache für die großen Umwälzungen ist und war, ist es dann nicht naheliegend, dass die ursprüngliche Erdoberfläche bei ihrer Entstehung vor Millionen von Jahren fast oder ganz frei von Hügeln und Bergen war und das Innere wie das Äußere radikalen Veränderungen unterworfen war?

Große Erdmassen auf der Außenseite, die sich durch Überschwemmungen angesammelt haben und von höher gelegenen Punkten angeschwemmt wurden, haben den Strom von innen aufgestaut und erstickt, während die Teile der Erde, die zu dieser Masse beigetragen haben, zu äußeren Bergen aufgeworfen wurden und die Vertiefungen in entsprechendem Ausmaß in die Tiefe stürzten.

Aus dieser Überlegung heraus könnte man verstehen, warum Afrika und Australien mit ihren riesigen Wüstenflächen im Verhältnis zu anderen Kontinenten weniger mit Flüssen und Seen versorgt sind; der gleiche Mangel an Gebirgen ist zu beobachten. Dagegen sind die übrigen Kontinente und Inseln reich an Bergen, Seen, Quellen und Flüssen. Die großen gegenwärtigen Inselgruppen Ozeaniens werden vielleicht in ferner Zukunft alle zu einer einzigen Masse vereinigt werden, und während sie sich höher erheben können, werden andere, die gegenwärtig genutzt werden, untergehen.

Die Legende von Atlantis könnte sich in einem kommenden Zeitalter wiederholen, und vielleicht wird eine neue biblische Geschichte die Seefahrterfahrungen eines anderen Noah aufzeichnen; aber wenn dem so ist, wird er hoffentlich ein größeres Schiff haben und mit modernen Verbesserungen und anderen sanitären Einrichtungen besser ausgestattet sein, als das alte Boot für eine so lange und wichtige Reise zu sein schien. Ist es nach dem, was über den Einfluss des Wassers auf die Oberfläche geschrieben wurde, nicht einleuchtend, dass es in den Millionen von Jahren, in denen Mutter Erde durch den Weltraum gewirbelt ist, zu polaren Veränderungen gekommen sein muss? Der Verfasser nimmt nicht an, alles zu wissen, was in dieser Diskussion behauptet wird, da er sowohl in dieser Hinsicht als auch in Bezug auf spirituelles Wissen ein Agnostiker ist; aber wenn sich ein ausgewachsener wissenschaftlicher Riese erhebt und plausiblere Gründe dafür nennt, warum die Dinge so sind, wie sie sind, werde ich mich gerne auf einen kleinen Schemel setzen und mir die Informationen in meinen verwirrten Schädel schieben lassen.

XIX. SCHLUSSFOLGERUNG.

Der Autor dieses unwissenschaftlichen Werks hat es sich zur Aufgabe gemacht, Theorien zu widersprechen, die ihm falsch erschienen, obwohl sie von wissenschaftlichen Autoritäten längst akzeptiert wurden.

Die Welt neigt dazu, Aussagen als selbstverständlich hinzunehmen, die dem Gehirn eines Fachmanns entspringen und in einer Zeitung oder einem Buch veröffentlicht werden, unabhängig davon, ob sie real oder fiktiv sind.

Die Geschichten von Wm. Tell, Robinson Crusoe, Washington und seinem kleinen Beil, Jack the Giant Killer, Samson und den Füchsen, Joseph, der nach Ägypten verkauft wurde, St. Patricks Ausrottung von Kröten und Schlangen, Newtons Entdeckung des "Gravitationsgesetzes" durch einen Apfel, der ihm auf den Kopf fiel, Noahs Sintflut usw. - all diese und Hunderte mehr sind als aktuelle Fakten durchgegangen, weil sie oft erzählt wurden. Einfache Geschichten und schlichte, ungeschminkte Erzählungen haben eine geringe Verbreitung, wenn sie nicht mit genügend Lügen vermischt sind, um sie interessant zu machen.

Jedes Zeitalter hat seine gelehrten Wunderkinder und wissenschaftlichen Köpfe, die bereit sind, jede Frage zu beantworten und alle obskuren Angelegenheiten zu lösen. Als die Menschen früherer Zeiten auf Hügeln und Bergen Meeresmuscheln und andere Ablagerungen entdeckten, die auf den Grund eines Meeres oder Ozeans hindeuteten, sowie fossile Ablagerungen und Fußabdrücke in Felsen, fragten sie natürlich die Weisen, wie sie dorthin gekommen waren. Daher wahrscheinlich auch die Geschichte von der Flut.

Auf die Frage, wie die Menschen in Europa weiß, in Asien gelb und in Afrika schwarz werden konnten, lautete die Antwort, dass Noah drei Söhne hatte, die sich in jedem Land niederließen und solche Nachkommen zeugten. Die Geographie der Welt in jenen frühen Zeiten stellte die Erde als eine mit vier Ecken und einer flachen Oberfläche mit "Absprungstellen" auf allen Seiten dar. Es ist offensichtlich, dass die Löser dieses "Rassenproblems" keine Kenntnis von Amerika und Australasien hatten. (Im Laufe der Zeit hat sich herausgestellt, dass sie entweder davon wussten und gelogen haben oder zwei Söhne aus den Augen verloren haben, die Noah hätte haben sollen, um die rote und die braune Rasse zu vertreten). Man erwartet von uns, dass wir glauben, dass Japheth weiß war und Europa bevölkerte, Sem gelb und sich in Asien als Ackerbauer niederließ und Ham schwarz war und sich in Afrika mit Affen und Elefanten beschäftigte. Ob die beiden anderen Jungen, der braune, der die Malaien aufzog, und der rote, der züchtete und den amerikanischen Indianer einführte, jemals verheiratet waren, habe ich nie erfahren, aber ich schließe daraus, dass es nicht nötig war, denn sie schienen bei der Besiedlung ihrer jeweiligen Länder ebenso viel Erfolg zu haben wie die Lieblingsjungen, die Noah zusammen mit anderem Vieh auf seine Segeltour mitnahm.

Noah wäre eigentlich der richtige Mann gewesen, um über das Thema zu schreiben, das in diesem Aufsatz behandelt wird, denn seine Erfahrung in der "Kaltwasser"-Frage muss ihm gegenüber dem Verfasser überlegene Vorteile verschafft haben.

Es hat zu allen Zeiten gewissenhafte Menschen gegeben, die sehr dumme und unkluge Dinge gesagt und getan haben, die zu der Zeit und in dem Zeitalter, in dem sie erlassen wurden, nach allgemeinem und privatem Konsens als richtig und gerecht angesehen wurden.

Das Hängen von Hexen, der Kauf und Verkauf von Sklaven, die Verbrennung von John Rogers auf dem Scheiterhaufen, seine Frau und neun kleine Kinder, eines davon an der Brust, als Zuschauer, wurden als ebenso gerecht und notwendig erachtet wie ein Gesetz, das in Kraft gesetzt wurde, um Krähen zu vertilgen und Schäferhunde zu töten.

Mit jedem Lebensalter kommen neue Ideen auf, und was einer früheren Generation als wahr und konsequent erschien, wird von ihren Nachfolgern oft zum Gegenstand von Kritik und Spott. Es ist zu hoffen, dass künftige Geister das Thema dieses kruden Werkes aufgreifen und in der Entwicklung der Geheimnisse der Erde so weit vorankommen, wie das moderne Dampfschiff die ersten Versuche von Fulton an Vollständigkeit und Kraft übertrifft oder die harmonischen modernen Orchester die hohle Musik eines Hindu-Toms.

Zu glauben, was hier geschrieben steht, wird nicht die ewigen Freuden sichern, oder zu zweifeln wird nicht den göttlichen Zorn heraufbeschwören, oder den Zweifler in die Hände dessen geben, der in der Finsternis wandelt, oder in eine Ewigkeit des Schmerzes oder des Unheils.

Diese bescheidenen Hinweise werden in der Hoffnung gegeben, dass Millionen von Kilometern Land auf der Erde, die jetzt unfruchtbar und nutzlos sind, durch das Anzapfen der großzügigen Wasserquellen, die von der Vorsehung so weise aufbewahrt werden, in Gärten der Schönheit verwandelt werden und Früchte und Nahrung im Überfluss für kommende Generationen liefern können.

Obwohl viele die Erde als ein "Jammertal" betrachten, ist sie die beste Welt, von der wir eine zuverlässige Kenntnis haben, und sie scheint gut an die Bedürfnisse des tierischen und pflanzlichen Lebens angepasst zu sein, wenn wir die klugen und reichlichen Vorkehrungen nutzen, die die Natur uns zur Verfügung gestellt hat.

Wenn es eine andere und bessere Welt gibt, ist es schwer vorstellbar, dass perlende Tore und goldene Straßen so viel zu unserem Komfort beitragen können oder ein so gutes Erbe sein werden wie eine Welt mit "süßen Feldern in lebendigem Grün", mit schattigen Hainen, blühenden Gärten und großzügigen Brunnen mit reinem, sprudelndem Wasser, und nicht der durstige Aufenthaltsort von Dives.

Während wir auf dieser Erde sind, hat die Natur in verschwenderischer Weise für die Bedürfnisse dieses Lebens gesorgt: Land und Wasser, Licht und Dunkelheit, Überschwemmungen und Dürre, und, wie wir von Paulus gelernt haben, vier Arten von Fleisch (und er sagte nicht, wie viele Arten von Gemüse), Reptilien, Insekten, Würmer, Käfer, Mikroben, Gift und seine Gegenmittel, gute und schlechte Menschen, Hitze und Kälte, Salz- und Süßwasser, Wissenschaftler, Spinner und Narren, doch bei all dieser Fülle von Gaben wären wir ohne den unverzichtbaren Segen des Wassers aus dem Symmes-Loch nicht besser dran als Dives in der Hölle.

Noch ein paar Fragen und fertig. Warum sollten Seesondierungen in fünf Meilen Tiefe Temperaturen unter dem Gefrierpunkt aufweisen, wenn, wie behauptet wird, eine solche Tiefe in Landbohrungen in einem geschmolzenen Zustand wäre, und wenn man noch viel weiter geht, würde die vorherrschende Theorie die Hölle zu einem Eishaus im Vergleich zu den laurentianischen Schichten machen?

Woher kommt das Süßwasser, das sich auf dem Grund der Ozeane befindet?

Wo ist die Quelle des Süßwassers, das im Hochland der Inseln in allen Breitengraden reichlich vorhanden ist?

Woher kommt das Wasser, das alle Korallenriffe speist und Atolle von hunderten von Kilometern Ausdehnung aufwirft und die Wurzeln von Bäumen und kleineren Pflanzen nährt?

Warum sind die Atoll-Einschlüsse mit verschiedenen Fischarten aus dem Meer gefüllt?

Warum befinden sich die meisten großen Seen in hohen Lagen und häufig auf Wasserscheiden?

Warum gibt es überall auf der Erde auf den Hügeln und Bergen mehr Quellen als in den Tälern?

Warum befinden sich die flachsten und dauerhaftesten Brunnen im Hochland und nicht im Tiefland?

Warum ist ein Land, das unter dem Meeresspiegel liegt, eine Wüste?

Warum gelang es Abraham, seine Herden zu retten, während Lot (wie er es verdiente) ausgetrocknet und verbrannt wurde? Antwort: Abraham war der Klügere von beiden und zog sich in die Berge zurück, wo er zweifellos beobachtet hatte, dass das Wasser anhielt.

Wo suchte Mose nach Wasser, als seine Anhänger danach hungerten? Er ging dorthin, wo fast immer Wasser zu finden ist: am Fuße eines Felsvorsprungs, den er am Horeb entdeckte.

Wie könnte Wasser aus einem tiefen artesischen Brunnen, der in einer Ebene ohne Hochland in Sicht gebohrt wurde, einen Druck erzeugen, der ihre Natur und die Gründe, warum sie fließen, erklären würde?

Woher kommen all die Flüsse, die in großen Höhlen zu finden sind?

Wo und wie versickert das Regenwasser im Boden, dreht sich um und kommt mit der Kraft zurück, die sich in sprudelnden Quellen und artesischen Brunnen zeigt?

Warum wächst Moos nur in unversiegbaren Brunnen, Kresse, Pfefferminze, Rohrkolben und Seerosen aber in lebendigen Gewässern?

Warum finden sie beim Graben von Brunnen in auffälligem Kies immer Wasser?

Warum wachsen in den Hügeln und Bergen mehr Pflanzen und Wälder als in der Ebene?

Warum werden alle Vulkane durch Wasser gelöscht?

Diese Fragen können durch keine andere Hypothese beantwortet werden als durch den Glauben an die Existenz des Symmes-Lochs. In ein solches Loch könnte genügend Wasser fließen, um alle Quellen der Erde zu versorgen, und mehr noch, es fließt und liefert die wunderbaren Mengen, die in gewaltigen Wasserfällen die Berghänge hinabstürzen und die Millionen von Quellen speisen, die ihre süßen Einflüsse in plätschernden Bächen durch Täler und Wiesen ergießen. Sie liefert die großen Mengen, die den Lake Superior und seine großartigen Partner in Amerika und ähnliche große Seen überall auf der Erde bilden. Und schließlich, aber bei weitem nicht am wenigsten , der phänomenale Golfstrom, der die Flotten und den Handel der Welt wie Spielzeug bewegt und das Klima auf einem Ozean verändert. Um solche Ressourcen zu versorgen, braucht es mehr als gelegentliche Regenschauer, die normalerweise in achtundvierzig Stunden verdunsten, oder als Äquinoktial- oder Schafsstürme, von denen neun Zehntel ihres Volumens in die Ströme und schnell in den Ozean fließen, das große und allgemeine Reservoir der Versorgung und Verteilung.

Nachdem ich mich bemüht habe, die Philosophie der Wärme und ihre Ursache sowie andere Phänomene kurz zu erklären, möchte ich abschließend den großen äußeren Gewässern für ihre wichtige Beteiligung an dem großzügigen Werk der Natur Anerkennung zollen. Die Ozeane, nachdem sie in der Wut der Stürme gewirbelt und von Kontinent zu Kontinent geschaukelt, von tropischen Winden geküsst und von arktischer Kälte gefroren, in Höhlen versenkt und an hohen Felsen zerschmettert wurden, nachdem sie alle Flüsse ausgetrunken, alle Küsten gewaschen und alle Gegenden besucht hatten, werden am Eisgürtel gefiltert und dringen in das Innere der Erde ein, um durch die Zentrifugalkraft in frischer und erneuerter Form wieder herauszukommen und den Bedürfnissen der Menschen einen noch größeren Nutzen zu bringen, als wenn sie in majestätischen Wellen rollen oder den Handel der Welt treiben.

ANHANG.

Zur Veranschaulichung der Größe von Eisbergen, Eisfeldern und Gletschern.

Meerestiefen, unterschiedliche Schätzungen.

Der Charakter von Vulkanausbrüchen in Bezug auf das ausgeworfene Material und das Endergebnis der Füllung mit Wasser.

Als Beweis dafür, wie lange die Hitze erhalten bleibt, wenn sie nach großen Bränden zugedeckt wird, wie in alten Zeiten, als die Menschen den Rückstau bedeckten, und um zu zeigen, warum man das Innere als geschmolzen ansieht, wenn die Hitze in unbedeutenden Tiefen durch Reibung entwickelt wird, die zu einer weiteren vulkanischen Entwicklung führt, oder aber von einem erloschenen Vulkan aus längst vergangener Zeit.

Artesische Gewässer, Kavernen, Erdbeben, Golfströme, Seen, Quellen, Brunnen, Inseln usw.

In diesem Anhang sind Fälle aufgeführt, die mit den hier dargelegten Argumenten zu all diesen Themen in gewisser Weise übereinstimmen und zu denen noch ein Vielfaches an weiteren hinzugefügt werden könnte.

Während die meisten Punkte, die in diesem Buch kurz besprochen werden sollen ( ), bereits angesprochen wurden, sollen ein paar Worte und einige Zeitungsausschnitte über mysteriöse Dinge als eine Art Anhang hinzugefügt werden, um einigen Lesern, die es für angebracht halten, ein paar Tipps zu geben, wie sie auf einfache Weise Wasser für den Hausgebrauch oder für Bewässerungszwecke erhalten können, und zwar dort, wo sie es natürlich am wenigsten erwarten würden.

In meinem alten Zuhause, auf der Farm, auf der ich geboren wurde, blieb unser etwa dreißig Fuß tiefer Brunnen fast jede Saison trocken. Während meines frühen Lebens habe ich Hunderte von Eimern Wasser von den Brunnen der Nachbarn und von einer Quelle am Fuße des Hügels, eine halbe Meile entfernt, geschleppt.

Der Hügel ist etwas mehr als eine halbe Meile lang und weniger als eine viertel Meile breit von seinen äußersten Basen. Er ist wie eine Schildkröte geformt und steigt über 100 Fuß an. Früher gab es in der Nähe des Gipfels, am Osthang, eine Stelle, die sehr federnd aussah. Der neue Besitzer grub vor einigen Jahren an dieser feuchten Stelle und fand in einigen Metern Tiefe lebendiges Wasser, das nun über Rohrleitungen in sein Haus und seine Scheunen fließt.

Vor einigen Jahren besaß mein Cousin die angrenzende Farm am Nordende dieses Hügels und beschäftigte einen Mann, der mehrere große Eisenfelsen, die auf der Oberfläche des Hügels verstreut waren, heraussprengte. Einer dieser Felsen, fast ein Quadrat von einer Stange, lag fast genau auf dem höchsten Teil des Hügels. Dieser große Felsen war voller großer Risse, die ich in meiner Jugend einem jungen Besucher zeigte und ihm erklärte, dass diese Risse zweifellos zur Zeit der Kreuzigung entstanden waren, woran ich in meinem späteren Leben oft erinnert wurde. Dieser Felsen lag etwa acht Fuß tief in der Erde. Als die letzten Blöcke herausgezogen wurden, füllte sich der Raum teilweise mit klarem Wasser, das so kalt war, dass es zum Trinken zur Verfügung gestellt wurde. Da es sich um die trockenste Zeit des Jahres handelte, schien die Wasserversorgung dauerhaft zu sein, was dazu führte, dass Rohre auf einer Strecke von einer Drittelmeile zu den Ställen verlegt wurden, um das Vieh zu tränken, das zuvor hauptsächlich aus den Brunnen geschöpft werden musste.

Ein Mann in der Stadt Durham - Henry Page - hat jahrelang das Wasser für sein Haus und sein Vieh mit einem hydraulischen Widder gewonnen; als er jedoch auf eine neue Idee kam, nutzte er eine Anhöhe, die wie eine umgedrehte Schale geformt ist, ein oder zwei Hektar groß ist und etwa vierzig Ruten von seinem Haus entfernt quer über ein Feld liegt. Er grub sich etwa fünfzehn Fuß tief in die Kuppe dieses Hügels ein und stieß dabei auf reichlich Wasser, das er problemlos über sein gesamtes Grundstück in reichlicher Menge leiten konnte. Westlich seines Hauses erhob sich der Besek-Berg in einem allmählichen Anstieg über eine dreiviertel Meile, bis er auf der Westseite in steilen Felsvorsprüngen endete, die fast 200 Fuß hoch waren. Ich habe bis zur Spitze von diese Felsen gejagt. In der Nähe des Berggipfels befindet sich ein ziemlicher Sumpfabschnitt, und in der Nähe des Abstiegs gibt es eine Quelle, die eine kurze Strecke läuft, über einen abfallenden Felsen fällt und nach zwei oder drei weiteren Ruten in den losen Steinen versinkt. Sie ist in den trockensten Jahreszeiten vorhanden. Ähnlich verhält es sich mit einem See auf dem Talcott Mountain, nicht weit entfernt vom Wadsworth Tower und nur wenige Ruten von den schroffen Felsvorsprüngen entfernt, die die Städte Simsbury und Farmington überragen. Hunderte solcher Fälle gibt es im ganzen Land, und es ist ziemlich sicher, dass eine große Mehrheit der Interessierten bei der Lektüre dieses Buches an verschiedene ähnliche Fälle denken wird, bei denen sie sich gefragt haben, warum sie so waren. "

Obwohl eine große Anzahl von Besonderheiten dieser Art aufgezeichnet werden kann, werde ich mir die Zeit nehmen, über einen oder zwei Fälle zu berichten, die weiter von zu Hause entfernt sind.

Mein Cousin, der die biblische Lehre vom Felsen und seinen Rissen verinnerlicht hat, verbrachte seine letzten Tage in Südkalifornien, wo Quellen selten sind und Orangenhaine und Weinberge stark von der Bewässerung abhängen. Er lebte in Duarte, etwa zwanzig Meilen östlich der Stadt Los Angeles, in einem der schönsten Orangen- und Zitronenhaine des Staates. Sie hatten zwar Vorkehrungen für die Bewässerung getroffen, aber der Mangel an Trinkwasser machte sich stark bemerkbar.

Als er vor etwa zwanzig Jahren in meinem Haus zu Besuch war, wo er sich hauptsächlich im Osten aufhielt, hörte er sich meine verschrobenen Ideen an, wie sie in diesem Werk dargelegt sind. Zuerst spottete er, aber da er ein guter Denker ist, hielt er die Idee für einen Versuch wert und versprach, bei seiner Rückkehr zu experimentieren und zu berichten, da ich ihn hier von mehreren Erfolgen überzeugt hatte. Nach weniger als einem Monat erhielt ich von ihm die Nachricht, dass er "fündig" geworden sei. Der Hain lag am Fuße des San-Gabriel-Berges, nicht einmal eine Viertelmeile entfernt. Ich riet ihm, sich eine Stelle an der Seite des Berges auszusuchen, wo der Baumbewuchs am grünsten war, was er auch tat, und so erhielt er das gesamte benötigte reine Wasser.

Ein Mr. Fitzgerald, der einen großen Hain etwa eine Meile westlich besitzt, der ähnlich gelegen ist, nahm den Hinweis auf und erzielte ein recht günstiges Ergebnis. Als ich 1894 diese Haine besuchte, war fast das erste, was Herr Fitzgerald mir zeigen wollte, sein reichhaltiger Vorrat an Quellwasser, das er an der Seite des Berges angezapft hatte. Diese Hinweise und Fälle sind als Vorschläge für jeden Leser gedacht, der seine Wasserversorgung verbessern möchte. Gehen Sie nicht in die Niederungen, sondern zapfen Sie die Hügel und das Hochland an, wo alle Quellen der Erde in Hülle und Fülle vorhanden sind.

In Südkalifornien werden die Ebenen und Täler in drei von vier Jahreszeiten zu trocken für die Weidehaltung von Rindern, Pferden und Schafherden, und man zieht sich in die Berge zurück. Während die Winterregen die Bäche, die zur Küste fließen, anschwellen lassen und ihre Ufer mit rauschendem Wasser füllen, kann im Mai und Juni ein Buggy durch jeden Bach von

San Francisco bis San Diego gezogen werden, ohne dass die Naben der Räder nass werden. Die kleinen Bäche sind alle ausgetrocknet, und Wasser für das Vieh ist selten zu finden. Wenn man sich den Bergen nähert, stößt man auf eine Reihe von Ausläufern, die wie umgekehrte Schalen aussehen und auf deren Gipfeln Rohrkolben und Lilienblumen wachsen. Am Fuße der Hügel finden sich einige der Abflüsse der Bäche, die weiter hinten beginnen. Je höher die Hügel in Gruppen zu den Bergen aufsteigen, desto mehr grüne Spitzen sind zu sehen, und die Bäche nehmen an Volumen zu, so dass sie gute Angelmöglichkeiten für Forellen bieten. Wenn man in der Weidezeit auf den Gipfeln dieser Zuckerhutformationen steht, fühlt man sich an Abrahams Viehherden auf den tausend Hügeln erinnert, die so weit das Auge reicht, zu sehen sind. Im südlichen Minnesota erhebt sich ein langer Gebirgszug, den sie als Gebirgskette bezeichnen, aber kaum irgendwo gibt es eine Erhebung von Felsen oder Felsvorsprüngen. In jedem Frühjahr und Herbst sieht man auf diesem Gebirgszug Tausende von Enten, Blässhühnern, Wildgänsen und Sandhügelkranichen. Die Quellen von sprudeln nicht in Bächen aus den Felsen, sondern versickern in großen Hügeln, die oft einen Hektar oder mehr umfassen, wie ein großer kegelförmiger Schwamm, an dessen Seite man hinaufgehen kann, wobei das Wasser bei jedem Schritt heraussprudelt, so dass man den Eindruck hat, man könne bis ganz nach oben einsinken, wo man eine offene Quelle mit einem Durchmesser von mehreren Metern findet, deren Wasser von diesem schwammigen Hügel aus Erde und Vegetation aufgesaugt zu werden scheint, so dass nur selten ein Bach abfließt. Dieser Bergrücken ist das höchste Land in Sichtweite, woher kommt also dieses Wasser? In einer Gegend, in der es notwendig ist, Wasser in Fässern mitzuführen, damit die Hunde es trinken können, wenn sie darüber jagen.

Der Abschluss dieser Arbeit wird aus einer Vielzahl von Zeitungsausschnitten aus den vergangenen Jahren bestehen, von denen diese einen kleinen Teil ausmachen. Diese Ausschnitte werden als scheinbare Rätsel veröffentlicht, die aber durch die Annahme der Theorie einer hohlen Erde, die einen Ozean aus frischem Wasser enthält, leicht zu lösen scheinen. Wenn eine andere Methode vorgeschlagen werden kann, um diese rätselhaften Fragen zu beantworten, so ist zu hoffen, dass ein Genie sie aufdeckt. Wenn die in diesem Buch aufgestellten Behauptungen wahr sind, sind und bleiben Polarexpeditionen ebenso vergeblich wie der Versuch, den Bewohnern des Mars ein Signal zu geben oder eine Korrespondenz mit dem Mann auf dem Mond zu führen. Ich maße mir nicht an, dieses Thema in einer so kurzen Abhandlung zu erschöpfen, das Feld bleibt offen und ist groß genug für die

Gedanken und Beobachtungen von Männern, die über größere Fähigkeiten verfügen, als ich selbst.

RIESIGE EISFELDER.

EIN DAMPFER UMZINGELT UND GEZWUNGEN, SICH EINEN WEG NACH DRAUSSEN ZU BAHNEN.

Montreal, 22. Mai - Der Dampfer Fremona aus New Castle, der gestern hier eintraf, hatte etwa 150 Meilen jenseits von Kap Ray eine sehr erschreckende Erfahrung mit dem Eis. Das Schiff fuhr am vergangenen Mittwoch langsam durch dichten Nebel, als es mitten in ein Packeis geriet, das mit der arktischen Strömung nach Süden driftete. Nachdem der Dampfer einige Stunden lang im Eis herumgetrieben war, lichtete sich der Nebel und zeigte, dass sich das Schiff in einer gefährlichen Lage befand. Um das Schiff herum befanden sich schwere Eisberge, die zehn Fuß tief im Wasser lagen und etwa einen Fuß über die Oberfläche ragten. Allmählich näherten sich mehrere riesige Eisberge dem Dampfer und zermalmten die kleineren Eisbrocken, die sich ihnen in den Weg stellten. Der Kapitän und der Erste Offizier kletterten an die Spitze des Schiffes und stellten fest, dass sich das Eis auf allen Seiten so weit erstreckte, wie das Auge reichte. Auf dem Eis tummelten sich Hunderte von Robben, von denen einige ganz nah am Schiff waren. Es dauerte zwei Stunden, bis der Dampfer gedreht war, dann wurde er nach Süden gelenkt und aus dem Eis herausgearbeitet. Da sich eine so große Eismasse nach Süden bewegt, ist zu befürchten, dass die Schifffahrt ernsthaft beeinträchtigt wird.

Am 17. Februar meldeten die Walfänger in den antarktischen Meeren, dass der Walfang bis zu diesem Zeitpunkt mit allen Schiffen, die den Versuch unternommen hatten, gescheitert war. Es gab viele Finn- und Buckelwale, aber keine Grönlandwale. Grampusse waren zu zahlreich. Robben waren sehr zahlreich, und es gab auch viele Seelöwen. Einige Eisberge von enormer Größe wurden gesehen; einer war fünfzig Meilen lang und mehrere waren zwischen fünfzehn und zwanzig.

Im Antarktischen Ozean ragten die Eisberge, die von Zeit zu Zeit beobachtet wurden, 400, 580, 700 und sogar 1.000 Fuß über das Wasser und waren zwischen drei und fünf Meilen lang. Ihre enorme Masse lässt sich aus der Tatsache ableiten, dass der Teil unter Wasser etwa siebenmal so groß ist wie der über Wasser.

EINEN GROSSEN EISBERG PASSIERT.

London, 9. Dezember - Der britische Dampfer Galgate meldet Eis im Südatlantik. Am 28. September passierte die Galgate bei 49 Grad südlicher Breite und 42 Grad westlicher Länge einen zwei Meilen langen und 250 Fuß hohen Eisberg. Hunderte von anderen Eisbergen wurden ebenfalls gesichtet.

DREIHUNDERT MEILEN EIS.

St. John's, N. F., 12. Februar - Der britische Dampfer Dahome, der Halifax am 9. Februar mit Ziel Liverpool verlassen hat, ist heute hier angekommen. Sie berichtet, dass sie durch ein dreihundert Meilen langes Eisfeld kam. Das ist zu dieser Jahreszeit etwas noch nie Dagewesenes.

DIE GRÖSSTE MEERESTIEFE.

Die größte bekannte Tiefe des Ozeans liegt auf halbem Weg zwischen der Insel Tristan d'Acunha und der Mündung des Rio de la Plata. Der Meeresboden wurde dort in einer Tiefe von 40.236 Fuß oder 8,3-Quart-Meilen erreicht, was die Höhe des Mount Everest, des höchsten Berges der Welt, um mehr als als 17.000 Fuß übersteigt. Im Nordatlantik, südlich von Neufundland, wurde eine Tiefe von 4.580 Faden oder 37.480 Fuß gepeilt, während südlich der Bermuda-Inseln Tiefen von 34.000 Fuß oder sechseinhalb Meilen gemessen wurden. Die durchschnittliche Tiefe des Pazifiks zwischen Japan und Kalifornien beträgt etwas mehr als 2.000 Klafter, zwischen Chile und den Sandwich-Inseln 2.500 Klafter und zwischen Chile und Neuseeland

1.500 Klafter. Die durchschnittliche Tiefe aller Ozeane liegt zwischen 2.000 und 2.500 Faden.

Russischen Berichten zufolge ist der Aralsee seit 1891 stetig angestiegen. Der Meeresspiegel liegt jetzt vier Fuß über dem Stand von 1874. Die Eisenbahnlinie von Orenburg nach Taschkend musste geändert werden, um eine Überflutung zu vermeiden. Statt um drei Zoll pro Jahr zu sinken, wie deutsche Geographen berechnet hatten, ist das Meer in den letzten zehn Jahren um vier Zoll pro Jahr gestiegen.

1812 war es La Souffrière, die neben dem Morne Garou auf der Insel von St. Vincent ausbrach, und es ist dieselbe Souffrière, die jetzt die Insel verwüstet und Kingston mit Felsen, Lava und Asche bombardiert.

Der alte Krater von Morne Garou ist seit langem erloschen, und wie der alte Krater von Mont Pelee in der Nähe von St. Pierre hatte er weit unten in seiner Tiefe, umgeben von steilen Klippen von 500 bis 800 Fuß Höhe, einen See.

Es war schwierig, einen Blick auf den See von Morne Garou zu erhaschen, da die gefährlichen Abhänge mit dichtem Grün bewachsen sind, aber diejenigen, die ihn gesehen haben, beschreiben ihn als ein wunderschönes, tiefblaues Wasser.

DIE TEMPERATUR DER SONNE.

F. R. (Minneapolis, Minn.): Wurde die Temperatur der Sonne ermittelt? Und, wenn ja, wie hoch ist sie?

Die wichtigsten Wissenschaftler, die die Sonnentemperatur untersucht haben, geben folgende Zahlen an: Newton, 1.669.000 Grad Alsius; Pouillet, 1.461; Zollner, 102.000; Secchi, 5.344.840; Ericson, 2.726.700; Fizeau, 7.500; Walerston, 9.000.000; Abney und Fessing, 12.700; Wilson und Gray, 8.700; Pernter, 30.000; Sporer, 27.000; Sainte-Claire Deville, 2.500; Soret, 5.801.846; Vicair, 1.398; Violle, 1.500; Rosetti, 20.000; Langley, 8.333.000; Ebert, 40.000; Guillaume und Christiansen, 6.000; Paschen, 5.000.

RIESIGE EISBERGE ENTDECKT.

SIE SIND 300 FUSS HOCH UND SIEBEN BIS ACHT MEILEN LANG IN DER NÄHE VON CAPE HORN.

San Francisco, 20. November - Französische Segelschiffe, die auf dem Weg um Kap Hoorn sind, halten den Rekord für die Sichtung riesiger Eisberge. Die französische Bark Eugenie Fautrel aus Hamburg berichtete, dass am 14. September in der Nähe von Kap Hoorn ein sieben Meilen langer und 300 Fuß hoher Berg mehrere Meilen entfernt am Backbordbug gesehen wurde. Jetzt kommt die französische Bark Anne De Bretagne, 164 Tage von Cardiff entfernt, und berichtet, dass sie nicht nur einen 300 Fuß hohen und acht Meilen langen Eisberg gesehen hat, sondern sich auch abseilen musste, um nicht an ihm zu zerschellen.

Er wurde am 3. September gesichtet, und nachdem die Bretagne eine große Eismasse durchquert hatte, kam sie plötzlich in Sichtweite des Riesen, der durch den weichen Nebel hindurch harmlos aussah, aber mit furchtbar zerklüfteten Ecken und einer Breite der Front, die die Franzosen erschaudern ließ.

KINGSTOWN MIT ASCHE BEDECKT.

Man sah, dass der Vulkan in ständiger Eruption war, und es gab ein gewaltiges Getöse. Die Blitze zuckten unaufhörlich über den gestörten Bereich. Die Blitze schlugen im Durchschnitt sechzig bis hundert Mal pro Minute ein.

Kingstown, das zwölf Meilen vom Vulkan entfernt liegt, war am Donnerstag mit drei Zoll Asche und Steinregen bedeckt. Das Bett des alten Vulkans war damals ein See von drei Meilen Durchmesser.

DIE ERUPTION BEGANN AM MONTAG.

Die Eruption wurde erstmals am Montag beobachtet. Riesige Flammen aus Wasser schossen in die Höhe, und die Menschen in diesem Bezirk flohen. Seitdem ist ein ständiges Gebrüll zu hören.

Das nördliche Gebiet von Chateau Belair bis Georgetown wurde vollständig zerstört. Aufgrund der Lavaströme ist es unmöglich, über diesen Punkt hinauszugehen. An der Stelle, an der sich zuvor ein Tal befand, wurde ein riesiger Hügel entdeckt. Der gesamte Teil der Insel ist verraucht.

SECHZIG DURCH BLITZSCHLAG GETÖTET.

Sechzig Personen sollen auf der Flucht durch Blitzschlag getötet worden sein.

Am Dienstag und Mittwoch wurde die Insel mit Asche überschüttet. In der Nähe von Belair lag die Asche drei Fuß hoch.

Am Donnerstag gab es einen ständigen Schauer aus heißem Sand und Wasser. Alles auf der Insel wurde durch die Asche zerstört.

EINIGE PERSONEN, DIE VERDURSTEN.

Viele Menschen wurden mit Booten aus Kingstown gebracht. Einige der Flüchtlinge, die an der Küste ankamen, waren am Verdursten.

DAS NEUE JACKSONVILLE.

EINE NEUE STADT, DIE GEBAUT WIRD, BEVOR DIE RUINEN DER ALTEN AUFGEHÖRT HABEN ZU SCHWELEN.

Noch bevor das Feuer, das einen großen Teil der Stadt Jacksonville, Florida, zerstörte, aufgehört hatte zu brennen, war die Stadt praktisch wieder aufgebaut. Dieser Bericht beschreibt nicht nur eine Baumaßnahme, die sich durch ihre rasche Durchführung auszeichnet, sondern auch ein Ereignis, das in der Erfahrung der Feuerwehrleute einzigartig ist.

Jacksonville wurde am 3. Mai letzten Jahres durch ein Feuer fast vollständig ausgelöscht. Ein Gebiet von 443 Acres, das 148 Häuserblocks umfasst, wurde von den Flammen erfasst, und Eigentum im Wert von mindestens 15.000.000 $ wurde zerstört.

Innerhalb einer Woche wurde mit dem Wiederaufbau in besserem und umfangreicherem Umfang begonnen, der seitdem mit einer im südlichen Baugeschehen beispiellosen Schnelligkeit voranschreitet, so dass sich die Stadt heute in einem weitaus besseren Zustand befindet als vor dem Brand.

Vor etwa drei Wochen wurde mit den Aufräumarbeiten für die letzten Ruinen begonnen. Die Arbeiter, die die Arbeit verrichteten, entfernten drei oder vier Zentimeter der Masse aus Ziegeln und Steinen auf der Oberseite und stellten dann zu ihrer Überraschung fest, dass die Ruinen darunter noch heiß waren.

Aus dem Loch, das sie gegraben hatten, begann Rauch aufzusteigen, und je weiter sie hinabstiegen, desto heißer wurden die Ruinen und desto dichter der Rauch. Schließlich fanden sie eine Masse rotglühender Kohlen, die in Flammen aufging, als die Luft sie erreichte.

Im Laufe des Jahres musste die Feuerwehr diesen Teil der Ruine mehrmals mit Wasser tränken, aber seit mehreren Monaten war man der Meinung, dass das Feuer endlich gelöscht sein müsste.

Daneben war bereits ein neues Jacksonville entstanden. Sechs Monate nach der Zerstörung der Stadt nahm eine neue Stadt bereits den größten Teil des Geländes ein.

Innerhalb von elf Monaten wurden mehr als 2.000 Gebäude errichtet, von denen fünfzig ( ) insgesamt 2.000.000 Dollar kosteten. Und das neue Jacksonville ist dem alten unermesslich überlegen.

EINE HÖHLE IN DER PRÄRIE.

EIN INTERESSANTES LOCH IM BODEN, IN DEM MAN NICHT NACH HÖHLEN SUCHEN WÜRDE.

Aus der Hauptstadt des Bundesstaates Oklahoma.

Sulphur Springs, I. T., 18. Oktober - An einer Stelle elf Meilen südöstlich dieses Ortes befindet sich in der ebenen Prärie eine Öffnung mit einem Durchmesser von etwa vierzig Fuß und einer Tiefe von sechzig Fuß. Wenn man sich an den felsigen und steilen Wänden festhält, kann man bis auf den Grund hinabsteigen und findet dort die Öffnungen zu den beiden Höhlen, von denen eine nach Westen und die beiden anderen nach Osten führen. Seit Jahren ist dieser Ort als Rock Prairie Cave bekannt. Sie ist eine der auffälligsten natürlichen Kuriositäten in der Chickasaw Nation. Die Höhlen haben eine unbekannte Länge, und durch eine von ihnen fließt ein unterirdischer Strom, der an manchen Stellen sehr tief und eiskalt ist. Erkundungstrupps haben sich über Hunderte von Metern in diese Labyrinthe vorgewagt, aber die Gefahr, sich zu verirren, hat eine gründliche Untersuchung der unterirdischen Gänge verhindert.

Die Höhle, die nach Westen führt, ist am leichtesten zugänglich und enthält eine Reihe geräumiger Kammern. Der Raum ist ungefähr siebzig Fuß im Quadrat und fünfzig Fuß vom Boden bis zur Decke. Der Boden ist durch riesige Felsbrocken versperrt. Die Dunkelheit und Stille sind intensiv. Manchmal kommen Picknickgruppen dorthin und essen ihr Mittagessen im Schein von Fackeln, die unheimliche Schatten auf die massiven Wände werfen.

Ängstliche Personen zögern, sich in die Tiefen der östlichen Höhle zu wagen. Der Gang fällt in einem Winkel ab, der den Entdecker dazu zwingt, fast 100 Fuß lang zu kriechen, zu rutschen und zu gleiten, bevor er eine Stelle erreicht, an der man aufrecht stehen und sicher gehen kann. Aus der Dunkelheit ertönt das Geräusch von rauschendem Wasser, das sich später als Bach herausstellt, der zwischen acht und dreißig Fuß breit und zwischen sechs Zoll und mehreren Fuß tief ist. Männer wateten in dem Bach, bis ihnen das Wasser bis zum Kinn reichte, und fuhren dann in einem Boot zu Stellen, an denen sie auch mit den längsten Rudern den Boden nicht berühren konnten. Vor einigen Jahren trug ein Bauer sein Boot in die Höhle, um dem Bach bis zu seinem Ende zu folgen. In einer Tiefe von schätzungsweise 200 Fuß unter der Erdoberfläche befindet sich eine natürliche Brücke, die von einem riesigen Stein gebildet wurde, der über den Bach gefallen ist. Unter dieser Brücke stürzt das Wasser wie in einem Mühlgraben hinab. Ein Boot kann jedoch über die Brücke gezogen und auf der anderen Seite zu Wasser gelassen werden. Etwa 100 Fuß unterhalb der Brücke weitet sich der Bach zu einem breiten, tiefen Becken mit einem hohen, gewölbten Dach. Schöne Stalagmiten und Stalaktiten schmücken diese Kammer. Zweihundert Fuß unterhalb dieses Beckens ist der Durchgang schwierig. Es wird behauptet, dass diese Höhle bereits eine Meile lang erforscht wurde.

Es wird vermutet, dass der Strom an einer Quelle mündet, die etwa drei Meilen vom Eingang der Höhlen entfernt ist. Diese Quelle ist sehr groß und ergiebig und fließt mit bemerkenswerter Schnelligkeit. In Regenzeiten kocht die Quelle und sprudelt, als würde sie an den Wassermassen, die aus ihrer Mündung strömen, ersticken. Der Bach in der Black-Prairie-Höhle steigt an, wenn es im umliegenden Land stark regnet, und die erhöhte Fließgeschwindigkeit von Quelle und Bach zu solchen Zeiten wird als Beweis dafür angesehen, dass sie miteinander verbunden sind.

ARTESISCHE GEWÄSSER IN TEXAS.

Im südlichen Zentralteil von Texas befindet sich ein Hochland, das sich über eine Fläche von 14.000 Quadratmeilen erstreckt und als Edwards Plateau bekannt ist. Am südöstlichen Fuß dieses Hochplateaus gibt es eine Vielzahl sprudelnder Quellen, die das Quellgebiet der Flüsse San Antonio und San Marcos bilden. In einem großen Bundesstaat wie Texas weichen die Niederschläge an einem Ort oft stark von denen der angrenzenden Regionen ab. Einem Bulletin des United States Geological Survey zufolge entsprechen die Schwankungen des Abflusses der genannten Bäche jedoch genau den Niederschlägen auf dem Hochplateau, woraus man schließen kann, dass eine unsichtbare Verbindung zwischen den Quellen und dem Hochland besteht. In dem Bulletin wird erklärt, dass diese Ähnlichkeit sowohl in trockenen als auch in feuchten Jahren festgestellt wurde. Das Edwards Plateau ist ein flaches, grasbewachsenes Hochland. Der Regen, der darauf fällt, fließt nicht in Oberflächenbächen ab, sondern versinkt im porösen Boden und findet schließlich seinen Weg in den Untergrund zu den kühnen Steilwänden der Region, wo er in reichlich vorhandenen Quellen entspringt.

Der San-Antonio-Fluss entspringt in einer dieser artesischen Quellen, und zwischen ihr und den Brunnen, die zur Wasserversorgung der Stadt San Antonio betrieben werden, scheint eine enge Verbindung zu bestehen, die sich in ihren gegenseitigen Veränderungen zeigt, was darauf hindeutet, dass ihr Wasser eine gemeinsame Quelle hat. Kürzlich wurde festgestellt, dass der Wasserstand des Oberlaufs des Flusses um mehrere Zentimeter sank, wenn die Brunnen vierundzwanzig Stunden lang ununterbrochen angesteuert wurden, dass aber der Wasserstand des Sees nach dem Abschalten der Brunnen in etwa einem Tag wieder erreicht wurde. Die Beziehung zwischen dem Durchfluss der Brunnen und dem des Flusses ist so eng ( ), dass man immer erkennen kann, wie hoch das Wasser im ersteren steigen wird, indem man die Höhe des Flusses an einer am Ufer angebrachten Messlatte beobachtet.

DAS GROSSE ASSAM-ERDBEBEN.

Ein ausführlicher Bericht über das Erdbeben in Assam im Jahre 1897, das heftigste und ausgedehnteste Erdbeben der Geschichte, wurde von Herrn R. D. Oldham verfasst. Aus einer Zusammenfassung von Prof. Davis von der

Harvard University geht hervor, dass ein Gebiet von 150.000 Quadratmeilen in Trümmer gelegt wurde, alle Kommunikationsmittel unterbrochen wurden, die Hügel zerrissen und von Erdrutschen niedergeworfen wurden, die Ebenen zerklüftet und mit Schloten durchsetzt waren, aus denen sich Sand und Wasser in erstaunlichen Mengen ergossen und Überschwemmungen in den Flüssen verursachten, usw. Ein Gebiet von 1.750.000 Quadratmeilen wurde von einer Erschütterung von ungewöhnlicher Energie heimgesucht. Die Erdbebenwelle bewegte sich mit einer Geschwindigkeit von 120 Meilen pro Minute. Die vertikale Verschiebung des Bodens in der Nähe des Zentrums der Störung betrug wahrscheinlich bis zu 14 Zoll - eine noch nie dagewesene Größe; die vertikale Bewegung von Erdbeben großer Stärke, wie dem Charleston-Erdbeben, beträgt selten mehr als zwei Zoll.

Einige der Ergebnisse dieses großen Erdbebens vom 12. Juni 1897 sind erstaunlich. Es entstanden Verwerfungen, von denen eine eine Ausladung von 25 Fuß und eine Länge von 12 Meilen hatte; eine andere eine Ausladung von 10 Fuß und eine Länge von 2½ Meilen. Der größere der beiden staute einen Fluss auf, so dass ein mehrere Meilen großer See entstand, der einen Wald mit mindestens 50.000 Bäumen zerstörte. Im Himalaya kam es zu Erdrutschen großen Ausmaßes, und die Täler der Flüsse wurden bis zur Unkenntlichkeit verändert.

KURIOSE FOLGE DES ERDBEBENS.

Indianapolis, 1. November - Ein interessanter Punkt im Zusammenhang mit dem Erdbeben, das gestern in dieser Stadt zu spüren war, ist die Tatsache, dass eine Reihe kleiner Bäche in Indiana, die an der südlichen Grenze des Gasgürtels entspringen, plötzlich mit Wasser gefüllt sind. Seit Monaten hat es in diesem Bundesstaat nicht mehr geregnet, um die Bäche anschwellen zu lassen, und im Falle des Honey Creek im östlichen Teil von Bartholemew County war er vor einigen Wochen ausgetrocknet, und das Wasser stand nur noch hier und da in Pfützen. In dieser Woche ist er bis zum Rand gefüllt ( ) und an einigen Stellen sogar übergelaufen. Der Sugar Creek, der in der Nähe von Edinburg, Johnson County, fließt, war fast ausgetrocknet, aber heute soll er fast voll sein. Kleinere Bäche, die im Gasgebiet von Hancock County entspringen, haben ähnliche Phänomene gezeigt. Keiner kann sich vorstellen, woher das Wasser kommt. Im Falle des Honey Creek zeigen die

Aufzeichnungen, dass sich der Bach vor dem Erdbeben in Charleston am 31. August 1886 auf die gleiche Weise verhielt.

EIN DURCH EIN ERDBEBEN ZERSTÖRTES DORF.

Konstantinopel, 27. Mai - Das Dorf Repahie in Armenien ist durch ein Erdbeben zerstört worden. Aus den durch die Erschütterungen entstandenen Erdspalten sprudelten mehrere Mineralquellen, und die Wassermenge war so groß, dass die angrenzenden Felder überflutet wurden. Dem Erdbeben waren Erschütterungen vorausgegangen, die die Bewohner veranlassten, aus dem Dorf zu fliehen, und sie entgingen so dem Tod durch die einstürzenden Häuser. Es kamen jedoch keine Menschen ums Leben.

Seit einem kürzlichen Erdbeben in Santa Ana, Orange County, Kalifornien, hat der Brunnen von Herrn Huntington im Bezirk Los Bolsas, der jahrelang nie in nennenswertem Umfang geflossen ist, große Mengen Schlamm, Steine und andere Materialien abgegeben, da die Eruptionen vulkanischen Ursprungs waren. Die Wassermenge übersteigt nun bei weitem die Möglichkeiten, die an der Oberfläche für die Versorgung des Wassers zur Verfügung stehen, und es hat sich als notwendig erwiesen, einen Graben vom Brunnen zum Fluss zu ziehen, um das Wasser abzutransportieren. Die Rohre laufen ständig Gefahr zu platzen - plötzliche Luftstöße und Fremdkörper machen es mehr oder weniger gefährlich, sich der Öffnung zu nähern.

JAHRELANG WURDE DAS FEUER AUFGESTAUT.

Aus der Galveston Daily News.

Orange, Tex, 21. Februar: J. W. Link füllt einige niedrige Grundstücke mit Asche und Holzkohle auf, die er aus der Grube holt, in der A. Gilmer einst die Brammen und Abfälle aus seinem Sägewerk verbrannte. Das Werk wurde am 13. September 1899 durch ein Feuer zerstört. Als die Wagen mit dem Transport begannen, war der Aschehügel 20 Fuß hoch und hatte am Boden einen Durchmesser von fast 40 Fuß, der sich nach oben hin verjüngte.

Als die Männer heute etwa 15 Fuß tief in den Haufen hineingearbeitet hatten, aber noch nicht die Mitte des Haufens erreicht hatten, entdeckten die Gespannführer Rauch, der von der Holzkohle ausging, als sie mit der Luft in Kontakt gebracht wurde. Einer von ihnen befühlte seine Schaufel und stellte erschrocken fest, dass sie sehr heiß war. Er nahm ein Stück Holzkohle in die Hand und blies es mit seinem Atem an, woraufhin es sich zu einem Feuerschein entwickelte. Das Experiment wurde heute mehrmals wiederholt, und jedes Mal verwandelte sich der verkohlte Klumpen in eine glühende Kohle. Die Asche war etwa 16 Fuß dick, die über den glühenden Kohlen stand, und vom äußeren Rand bis zu der Stelle, an der die heiße Asche zum ersten Mal entdeckt wurde, ein wenig über dem Boden, war die feine Asche genauso dick.

Seit fast zweieinhalb Jahren ist kein Rauch mehr aus dem großen Aschehaufen aufgestiegen, und die Kohlen liegen wahrscheinlich schon länger an ihrem jetzigen Platz, denn der kegelförmige Haufen war bei der Zerstörung der Mühle viel größer als zu dem Zeitpunkt, als die Wagen mit dem Abtransport der Asche begannen.

Der Vulkan Kilauea ist zur Zeit sehr aktiv. Der durch den letzten Zusammenbruch entstandene Hohlraum hat sich noch nicht gefüllt, aber es gibt einen aktiven See, der 200 bis 300 Fuß unter dem allgemeinen Niveau des Bodens liegt und einen Durchmesser von einer Viertelmeile hat.

EIN GANZES TAL IN SCHUTT UND ASCHE GELEGT.

FÜNFZEHN KRATER ZERSTÖREN DAS, WAS EINST EIN REIZVOLLER ORT WAR.

Lunahuana, Vereinigte Staaten von Kolumbien, 30. März 1891 - Dieses schöne Tal hat eine topographische Veränderung erfahren, und was früher ein reizvoller Ort war, darf ich jetzt eine Wüste nennen. Fünfzehn Krater sind seit Sonntag, dem 22. März, ununterbrochen in Betrieb und werfen

Schlamm- und Wassermassen aus, die auf ihrem steilen Abstieg und mit der großen Kraft der Strömung Ruinen in alle Richtungen tragen und Häuser mitsamt ihren Bewohnern, dem Vieh, den Weinbergen, Bauernhöfen und Bewässerungsanlagen mit sich reißen.

Alle Straßen nördlich und südlich von hier wurden in Gräben verwandelt, durch die das Wasser unaufhörlich strömt, und die gesamte Kommunikation zwischen Canete und Chincha ist unterbrochen, während die Brücke über den Fluss weggeschwemmt wurde.

Die zahlreichen Opfer, die zu beklagen sind, der tiefe Eindruck, den die Zerstörung aller Bewässerungsgräben hinterlässt, die Tatsache, dass es unmöglich sein wird, die restliche Ernte von zu ernten, und die Gewissheit, dass die lebensnotwendigen Güter die Preise für eine Hungersnot erreichen werden, veranlassen mich, der Regierung vorzuschlagen, Maßnahmen für die Bewohner zu ergreifen. Hunderte von Familien sind obdachlos geworden und kampieren an den Hängen, wobei die einzige Kleidung, die sie besitzen, die ist, in der sie geflohen sind. Sie bereiten sich darauf vor, die Schluchten zu überqueren, da die Fluten jeden Moment über sie hereinbrechen können.

Ein interessantes geologisches Phänomen ist im Bezirk Izium, in Kharkoy, Russland, zu beobachten. Infolge der Hitze in diesem Sommer brach der Boden an vielen Stellen auf und es bildeten sich tiefe Gräben, an deren Grund unterirdisches Wasser erschien. Geologen, die den Boden untersucht haben, gehen davon aus, dass das unterirdische Wasser aus derselben Quelle stammt, die auch die Slawinskoje-Salzseen in der Nähe versorgt.

EIN SCHWARM VON VULKANEN.

ÜBER DREITAUSEND AKTIVE VULKANE IN NIEDERKALIFORNIEN.

San Diego, Kalifornien, 25. Juli - Der San Diegan veröffentlicht heute eine Beschreibung von Oberst I. K. Allen, dem bekannten Ingenieur, über ein Phänomen in der so genannten Vulkanregion der Cocapah Mountains, die fünfundsechzig Meilen südwestlich von Yuma in Niederkalifornien liegt. Oberst Allen sagt, dass es dort über dreitausend aktive Vulkane gibt, von denen die Hälfte kleine Kegel sind, die an der Basis zehn oder zwölf Fuß hoch sind, die andere Hälfte fünf bis vierzig Fuß an der Basis und fünfzehn bis fünfundzwanzig Fuß hoch. Das gesamte Vulkangebiet ist mit Schwefel verkrustet. Eine Besonderheit der Region ist ein See mit tiefschwarzem Wasser, der eine Viertelmeile lang und eine Achtelmeile breit und scheinbar bodenlos ist. Das Wasser ist heiß und salzig.

EINEN TUNNEL EINEN KALKOFEN.

DIE SANTA FE MUSS MÖGLICHERWEISE IHRE JOHNSON CANYON ROUTE AUFGEBEN.

Los Angeles, Kalifornien, 31. Januar: Der Fairview-Tunnel durch die Berge am Johnson's Canyon in der Nähe von Williams, Arizona, steht erneut in Flammen, und die Verantwortlichen der Santa Fe Pacific befürchten, dass sie gezwungen sein könnten, den Tunnel aufzugeben, da sie keine Mittel zum Löschen der Flammen finden. Untersuchungen haben eindeutig ergeben, dass das neue Feuer durch Selbstentzündung entstanden ist. Der Tunnel ist nur noch der Schornstein eines riesigen Kalkofens. Der Berg, durch den der Tunnel führt, besteht hauptsächlich aus Kalkstein von hohem Reinheitsgrad.

VULKANAUSBRUCH WAHRSCHEINLICH.

San Francisco, Kalifornien, 1. Juli: Aus Susanville in den Sierra Nevadas wird berichtet, dass es weiterhin zu leichten Erdbeben kommt und dass sich die Menschen so sehr an das ständige Zittern der Erde gewöhnt haben, dass sie ihm keine Beachtung schenken. Die Erschütterungen haben jedoch die Erinnerungen alter Siedler wachgerufen, die vulkanische Störungen in den erloschenen Kratern voraussagten, wie es sie 1850 gab.

Susanville liegt in einem hochgebirgigen, von Mauern umgebenen Tal direkt östlich des Lassen Butte, eines erloschenen Vulkans, der 10.000 Fuß hoch ist. Von seinem Gipfel aus kann man nicht weniger als vierzig erloschene Krater sehen. Der Cinder Cone, der sich 600 Fuß über die Ebene des Plateaus erhebt, war 1850 in Ausbruch. Zwei Prospektoren untersuchten ihn und fanden den Saltafara-See, Meilen südlich des Cinder Cone, ein Zentrum der vulkanischen Kräfte. Der See war eine Masse aus kochendem Wasser und Schlamm, und aus ihm schossen in Abständen riesige Flammensäulen empor. Das Holz in der Umgebung stand in Flammen. In den letzten Jahren scheint es eine erneute Aktivität der inneren Brände zu geben, und die gegenwärtigen Erschütterungen deuten auf die Möglichkeit eines weiteren großen Vulkanausbruchs hin, der sich durch einige der alten Krater entladen wird.

DURCH ERUPTIONEN VERWÜSTET.

FÜNFZEHN NEUE KRATER ZERSTÖREN VIELE HÄUSER UND VERWÜSTEN EIN GROSSES GEBIET IN CHILI.

Panama, 26. April - Zu den Eruptionen im Bezirk Lunahuana in Chile hat die Lima Opinion National am 30. März den folgenden Brief veröffentlicht:

"Dieses schöne Tal hat eine topografische Veränderung erfahren, und was früher ein reizvoller Ort war, darf ich jetzt eine Wüste nennen. Fünfzehn Krater sind seit Sonntag, dem 22., unaufhörlich am Werk und werfen Schlammmassen aus, die in ihrem überstürzten Abstieg und mit der ungeheuren Kraft der Strömung Ruinen in alle Richtungen tragen und Häuser mitsamt ihren Bewohnern, dem Vieh, den Weinbergen, Bauernhöfen und Bewässerungsanlagen mit sich reißen. Alle Straßen nördlich und südlich von hier wurden in Gräben verwandelt, durch die sich das Wasser unaufhörlich ergießt, und die gesamte Kommunikation zwischen Canete und Chincha ist unterbrochen, während die Brücke über den Fluss weggeschwemmt wurde. Hunderte von Familien sind obdachlos geworden und kampieren an den Hängen, nur mit den Kleidern, in denen sie geflohen sind. Sie bereiten sich darauf vor, die Schluchten zu überqueren, da die Fluten jeden Moment über sie hereinbrechen können."

GLACIER ICE.

Gletschereis ist nicht wie das feste blaue Eis auf der Wasseroberfläche, sondern besteht aus Körnchen, die durch ein kompliziertes Netz von kapillarwassergefüllten Rissen miteinander verbunden sind. In freiliegenden Abschnitten und auf der Oberfläche des Eises kann man "geäderte" oder "gebänderte" Strukturen beobachten, Adern von dichterer blauer Farbe, die sich mit solchen von hellerer Farbe abwechseln, die Luftblasen enthalten. Über die Ursache dieser eigentümlichen Struktur wurde unter den Forschern viel theoretisiert, aber bis jetzt sind die größten Autoritäten der Ansicht, dass die Erklärung des Phänomens noch aussteht - Goldthwaite's Geographical Magazine.

DER LÄNGSTE GLETSCHER DER GEMÄSSIGTEN ZONE, BESTIEGEN VON MR. CONWAY.

Herr W. M. Conway, der im vergangenen Frühjahr von der Royal Geographical Society of London ausgesandt wurde, um das Kara-Koram-Gebirge und seine mächtigen Gletscher nördlich von Kaschmir zu erforschen, hat die brillantesten Leistungen im Berg- und Gletscherklettern vollbracht, die ein Forscher seit Jahren vollbracht hat. Er hat der Gesellschaft einen Bericht über seine Besteigung des Baltoro-Gletschers geschickt, der mit einer Länge von über vierzig Meilen der längste Gletscher ist, der in den gemäßigten Zonen bekannt ist, und über seine Besteigung eines eisbedeckten Berges, der über 23.000 Fuß hoch ist, am oberen Ende des Gletschers.

Am 5. August begann er die Besteigung des Baltoro-Gletschers. Bei seinem Aufbruch hatte er kaum eine Vorstellung von den Unannehmlichkeiten, die ihn erwarteten. Zu seiner Gruppe gehörten außer ihm noch drei Engländer, ein Alpenführer und vier Sepoys, die von einem indischen Regiment abkommandiert worden waren. Der Gletscher war zu zwei Dritteln seiner Gesamtlänge so stark mit Steinschutt bedeckt, dass das Eis nur dort sichtbar war, wo Seen oder Gletscherspalten entstanden. Es war ihm nicht möglich, an den seitlichen Ufern des Gletschers aufzusteigen, da diese nicht begehbar waren. Er war daher gezwungen, in der schrecklichen Mitte des Eises aufzusteigen. Die Oberfläche war nicht flach, sondern bestand aus einer Reihe von gewaltigen Hügeln. Er maß einen von ihnen, der über 200 Fuß hoch war, und es war gewöhnlich leichter, über diese Hügel zu klettern als sie zu umgehen. Die Steine, die auf dem Eis ruhten, gaben unter den Füßen ständig nach. Das hatte zur Folge, dass die schwer beladenen Sepoys nur langsam vorankamen und die Märsche kurz sein mussten.

Die Gruppe war fast zwei Wochen mit dem Aufstieg zu diesem eisigen Fluss beschäftigt, wovon sie vier Tage wegen stürmischen Wetters im Lager blieb. Als sie schließlich auf einen Nebengletscher abbogen, um den Berg zu besteigen, hatten sie eine Höhe von 16.000 Fuß über dem Meer erreicht. Während der gesamten Reise herrschte eine sehr strenge Kälte. Die Gruppe war sehr schwer beladen, da sie neben den Nahrungsmitteln auch eine Menge Treibstoff mitführen musste.

Erst am 25. August, zwanzig Tage nachdem sie den Fuß des Gletschers verlassen hatten, begannen sie mit dem Angriff auf den eisigen Gipfel, den sie zu besteigen beabsichtigten. Zwei oder drei der Gruppe waren durch Kälte und Müdigkeit behindert und mussten in ein auf dem Gletscher errichtetes Lager zurückkehren. Die Gruppe klagte über einige Unannehmlichkeiten, die Reisende im Himalaya oft erwähnt haben . Die Sonne kam Tag für Tag mit sengender Kraft heraus, und während ihre Füße vor Kälte betäubt waren, waren ihre Körper viel zu heiß, um sich wohl zu fühlen. Herr Conway sagt, dass die großen Schwankungen zwischen beißender Kälte und brütender Hitze das Haupthindernis für das Bergsteigen in großen Höhen in diesen Regionen sind. Nicht nur die Kälte und die Hitze sind schwer zu ertragen, sondern der Wechsel zwischen dem einen und dem anderen scheint die Kräfte zu schwächen und den ganzen Körper kraftlos zu machen.

Beim Aufstieg zum steilen Hang des letzten Gipfels waren ihre Steigeisen eine große Hilfe. Nachdem sie ein paar hundert Meter aufgestiegen waren, stellten sie zu ihrem Entsetzen fest, dass der obere Teil des Gipfels nicht aus Schnee, sondern aus hartem, blauem Eis bestand, das mit einer dünnen Schneeschicht bedeckt war. Jeder Schritt, den sie machten, musste durch den Schnee in das Eis gehauen werden. Das Eis war zu hart, als dass die Stahlspitzen der Steigeisen es hätten durchdringen können, bis es durch ein oder zwei Axthiebe vorbereitet worden war. Der Alpenführer sagte, die Arbeit des Stufenschneidens sei weitaus ermüdender gewesen, als er sie je in der Schweiz erlebt hatte. Einer der Sepoys wurde von der Höhenkrankheit befallen und musste zurückgelassen werden. Ab und zu belebte ein Lufthauch die Gruppe ein wenig. Die meiste Zeit litten sie unter der Luftknappheit.

Auf dem Gipfel, etwa 23.000 Fuß über dem Meer, angekommen, nannte Conway den Berg Pioneer Point. Er sah die herrlichsten Aussichten auf allen Seiten. Das gesamte Panorama aus Tal, Berg, Gletscher und Schnee wirkt in dieser Höhe wie eine majestätische Ruhe. Die Beobachter befanden sich weit über dem Geräusch von Lawinen und Flüssen, und die Kräfte der Natur wurden zur bloßen Bedeutungslosigkeit reduziert, während sie Tausende von Metern unter sich auf die Landschaft blickten. Viele der Berge, die sie sahen, waren noch nie zuvor von einem menschlichen Auge gesehen worden.

EIN WEITERER GOLFSTROM AUS DERSELBEN QUELLE.

In vielerlei Hinsicht ähnelt der Nordpazifik dem Nordatlantik. Eine große warme Strömung, die dem Golfstrom ähnelt und von gleicher Größe ist, wird Schwarzer Strom oder Japanstrom genannt und fließt entlang der Ostküste Asiens nach Norden. In der Nähe der Ostküste Japans fließt er durch ein Meerestal, das das tiefste Wasser der Welt enthält. Er wurde 1875 vom US-Dampfer Tuscaroa in einer Tiefe von 5¼ Meilen gepeilt, als er eine geplante Kabelstrecke zwischen den Vereinigten Staaten und Japan vermessen wollte. Das schwere Sondierungsgewicht brauchte mehr als eine Stunde, um auf den Grund zu sinken. Es wurde jedoch ein noch tieferer Abgrund erprobt, aus dem das Blei nicht mehr hochkam. Es ist die einzige Tiefe des Ozeans, die noch unerforscht ist - San Francisco Examiner.

Am Ende des Onion Valley in Inyo County, Kalifornien, erheben sich zwei schroffe Berge, einer 13.000 und der andere 14.000 Fuß hoch. An der Seite des einen stürzt ein 500 Fuß hoher Katarakt hinab, der in der Ferne an fallenden Schnee erinnert, und zwei weitere Wasserfälle von gleicher Höhe sind vom Kopf des Tals aus sichtbar.

DER SEE AUF DEM BERG.

MR. DRUMMOND GLAUBT, DASS ER HERAUSGEFUNDEN HAT, WOHER DAS WASSER KOMMT.

Auf der Nordseite des Ontariosees, südwestlich der kanadischen Stadt Kingston, befindet sich ein See, der auf einer Landhöhe liegt, von der eine Seite eine Klippe bildet. Er liegt direkt südlich des als Quinte Bay bekannten Arms des Ontariosees und erhebt sich 180 Fuß über die Bucht. Es gibt keine

Möglichkeit, dass Oberflächenwasser in diesen kleinen See fließt, und niemand hat die geringste Ahnung, woher er sein klares und frisches Wasser bezieht. Der See ist etwa eineinhalb Meilen lang und etwa eine dreiviertel Meile breit.

Herr A. T. Drummond schrieb kürzlich einen Brief an Nature, in dem er sagte, er glaube, das Rätsel des unsichtbaren Zuflusses gelöst zu haben, der unmöglich auf Quellen aus höherem Grund in der Umgebung zurückgeführt werden kann. Seiner Meinung nach liegt die Quelle des Sees im Kalksteingebiet von Trenton, etwa fünfundzwanzig oder dreißig Meilen nordöstlich. Diese Felsen steigen nach Norden hin stetig an, und ihre Neigung ist günstig, um das Wasser, das durch den Boden zu ihnen sinkt, nach Süden in die Region des Ontariosees zu leiten. Fünfzig Meilen entfernt haben die Felsen eine Höhe von 400 Fuß über dem See.

Um den Einfluss dieser Felsen auf den Ursprung des Zuflusses festzustellen, führte Herr Drummond im letzten Sommer eine Reihe von Sondierungen in dem kleinen See durch. Der größte Teil des Sees ist seicht, aber entlang seines südlichen Randes fand er einen großen Riss im Boden, der fast eine Meile lang und ein Drittel einer Meile breit ist. In diesem Riss variierte die Tiefe von fünfundsiebzig bis 100 Fuß. Er sagt, dass der Riss wahrscheinlich auf eine breite Verwerfung oder einen Bruch im Trenton-Kalkstein zurückzuführen ist, und er glaubt, dass dieselben Kräfte, die diese Verwerfung verursacht haben, auch für eine unterirdische Verbindung mit dem höher gelegenen Boden viele Meilen nördlich verantwortlich sind, durch die das Wasser seinen Weg in den kleinen See findet, der Ontario überblickt. Die Theorie von Herrn Drummond ist die plausibelste, die bisher vorgeschlagen wurde, um die Quelle zu erklären, aus der dieser mysteriöse See sein Wasser bezieht.

EIN KOCHENDER SEE.

Auf der Insel Dominica gibt es einen See mit kochendem Wasser, der in den Bergen hinter Roseau liegt, und in den Tälern, die ihn umgeben, gibt es viele Solfataren oder vulkanische Schwefelquellen. Der kochende See ist eigentlich nichts anderes als ein mit kochendem Wasser gefüllter Krater, der ständig von Gebirgsbächen gespeist wird und durch den die aufgestauten Gase entweichen und herausgeschleudert werden. Die Temperatur des Wassers an den Rändern des Sees liegt zwischen 180° und 190° Fahrenheit; in der Mitte, genau über den Gasschloten, soll sie etwa 300° betragen. Dort, wo diese aktive Aktion stattfindet, soll das Wasser zwei, drei oder sogar vier Fuß über die allgemeine Oberfläche des Sees ansteigen, wobei sich der Kegel oft teilt, so dass die Öffnungen, durch die das Gas entweicht, zahlreich sind . Diese heftige Störung der Gasstrahlen verursacht eine heftige Wirkung auf der gesamten Oberfläche des Sees, und obwohl die Kegel als besondere Schlote erscheinen, steigen die schwefelhaltigen Dämpfe mit gleicher Dichte über die gesamte Oberfläche auf. Im Gegensatz zu dem, was man natürlich vermuten würde, scheint es in keinem Fall gewalttätige Aktionen der entweichenden Gase zu geben, wie Explosionen oder Detonationen. Das Wasser ist von dunkelgrauer Farbe, und nachdem es über Tausende von Jahren immer wieder gekocht wurde, ist es dickflüssig und schleimig mit Schwefel geworden. Da sich die Zuflüsse zum See rasch schließen, wird angenommen, dass er bald den Charakter eines Geysirs oder Schwefelkraters annehmen wird - St. Louis Republic.

EIN UNHEIMLICHER SEE.

In Missouri gibt es einen See, der auf dem Gipfel eines Berges liegt, dessen Oberfläche 50 bis 100 Fuß unter dem Niveau der ihn umgebenden Erde liegt, der von keinen Oberflächenströmen gespeist wird, der vom Wind unberührt ist und der so tot ist wie das Meer von Sodom. Im Umkreis von Hunderten von Meilen gibt es keinen Punkt gleicher Höhe, von dem aus Wasser fließen könnte, und doch steigt er regelmäßig um 30 Fuß oder mehr an, was in keiner Weise von den atmosphärischen Bedingungen im angrenzenden Land beeinflusst wird. In Webster County kann es wochenlang regnen, und bei der Rückkehr des schönen Wetters befindet sich der Devil's Lake an seinem tiefsten Punkt, während er während einer lang anhaltenden Dürre seinen höchsten Punkt erreichen kann - St. Louis Globe-Democrat.

KURIOSER SEE IN WESTINDIEN.

Chicago, 14. Oktober - Herausgeber des Herald: In Ihrem sehr interessanten "Missing Links" von heute erwähnen Sie den großen versunkenen See in den Cascade Mountains als den am tiefsten versunkenen See der Welt. Das erinnerte mich an einen ähnlichen See, den ich 1891 auf einer Reise in Westindien besuchte. Dieser See befindet sich auf der Insel St. Vincent auf dem höchsten Gipfel der Souffrière-Bergkette, 4.500 Fuß über dem Meeresspiegel.

Es sind anderthalb Meilen bis zur Wasseroberfläche, und wie beim Cascade Lake ist die Tiefe des Wassers unbekannt.

Vor vielen Jahren wurden von Leutnant Smith von der US-Marine Sondierungen vorgenommen, die jedoch zu keinem Ergebnis führten. Der See ist fast vollständig kreisförmig und hat einen Umfang von etwa drei oder vier Meilen.

Die Farbe des Wassers ist helloliv, aber es gibt Zeiten, in denen es in ein intensives Gelb übergeht und mit Schwefel gesättigt ist. In letzterem Zustand habe ich es 1891 gesehen, und der Schwefel war so stark, dass zwei unserer Gruppe, die es wagten zu baden, mit einer dünnen Schwefelschicht auf vielen Körperteilen herauskamen und einen so starken Geruch verströmten, dass wir gezwungen waren, sie für einige Stunden unter Quarantäne zu stellen.

ED FITZGERALD.

HOCHGELEGENEN SEEN DER WELT.

Die am höchsten gelegenen Seen befinden sich im Himalaya-Gebirge in Thibet. Ihre Höhe scheint jedoch nicht genau gemessen worden zu sein, denn die Angaben verschiedener Autoritäten zu ihnen weichen stark voneinander ab. Einigen zufolge liegt der Manasurovara-See, einer der heiligen Seen Thibets, zwischen 19.000 und 20.000 Fuß über dem Meeresspiegel, und wenn dies zutrifft, ist er zweifellos der höchstgelegene See der Welt. Zwei weitere Seen in Thibet, der Cholamoo und der Surakol, werden mit einer Höhe von 17.000 bzw. 15.400 Fuß angegeben. Lange Zeit wurde angenommen, dass der Titicacasee in Südamerika der höchstgelegene See der Welt ist. Er erstreckt sich über etwa 4.500 Quadratmeilen und liegt 924 Fuß über dem Meeresspiegel. Trotz der Ungenauigkeit bei der Messung der Höhe der thibetischen Seen, sind sie zweifellos wesentlich höher als dieser und alle anderen.

DAS WASSER STEIGT IMMER NOCH AN.

SELTSAME STREICHE EINES SEES ALS AUSWIRKUNG EINER ERDBEBENERSCHÜTTERUNG.

New York, 18. September - Die heutige Ausgabe des Herald enthält diese Telegrammnachrichten:

"San Salvador, über Galveston, Tex. 12. September 1891: Das Wasser des Llapango Cojutepeque oder Illabasco-Sees, wie er auch genannt wird, steigt weiter an. Die von der Regierung entsandten Arbeiter, die einen Abfluss in den Ozean öffnen sollen, sind immer noch fleißig bei der Arbeit.

"Die Erschütterungen sind weiterhin in unregelmäßigen Abständen zu spüren. Das Erdbeben vom 8. September war im ganzen Land zu spüren. Die materiellen Verluste werden auf 500.000 Dollar geschätzt, was allerdings eine niedrige Zahl zu sein scheint.

"Heute Morgen kam die Nachricht aus Guatemala-Stadt, dass der ehemalige Vizepräsident Dr. Rafeel Aola versehentlich angeschossen und getötet wurde , als er versuchte, zwei seiner Freunde zu trennen, die in einen Streit verwickelt waren."

Am äußersten östlichen Rand von Arizona befindet sich ein großer, flacher Salzsee in einer schalenförmigen Vertiefung, die selbst einige hundert Fuß tief ist und einen Durchmesser von drei Meilen hat. Das Becken, der gesamte Teil, der nicht vom See eingenommen wird, ist blendend weiß und mit Millionen von Salzkristallen übersät. In der Mitte des Sees erhebt sich ein scheinbar kegelförmiger vulkanischer Gipfel. Wenn Sie sich die Mühe machen, den See zu durchqueren, werden Sie in der Mitte des Gipfels einen kristallklaren Miniatursee finden.

DER TIEFSTE BEKANNTE SEE.

Der bei weitem tiefste See der Welt ist der Baikalsee in Sibirien, der von der Größe her in jeder Hinsicht mit den großen kanadischen Seen vergleichbar ist. Während seine Fläche von über 9.000 Quadratmeilen in etwa der des Eriesees entspricht, ist das Wasservolumen aufgrund seiner enormen Tiefe von 4.000 bis 4.500 Fuß fast so groß wie das des Lake Superior. Obwohl seine Oberfläche 1.350 Fuß über dem Meeresspiegel liegt, befindet sich sein Grund fast 3.000 Fuß unter diesem. Der Kaspische See oder das Kaspische Meer, wie er gewöhnlich genannt wird, hat in seinem südlichen Becken eine Tiefe von über 3.000 Fuß. Der Lago Maggiore ist 2.800 Fuß tief, der Comer See fast 2.000 Fuß, und Lagodi-Garda, ein weiterer italienischer See, ist an einigen Stellen 1.900 Fuß tief. Der Bodensee ist über 1.000 Fuß tief, und Huron und Michigan erreichen Tiefen von 900 und 1.000 Fuß.

Die Blowout Mountains in den Kaskaden oberhalb von Breitenbush, Ore, sind unverkennbar eines der Wunder der Kaskaden. Sie bestehen aus etwa achthundert Hektar Granitfelsen, die in allen erdenklichen Formen aufgeschichtet sind. Alle Anzeichen deuten darauf hin, dass sie durch eine Ansammlung von Gas verursacht wurde, das beim Ausbruch den Felsen in den Cañon schleuderte und einen wunderschönen See von zwanzig bis dreißig Ruten Breite und einer halben Meile Länge bildete, in dem es Myriaden von Forellen gibt.

Ein eigenartiger Fisch von brauner Farbe, ohne Schuppen und mit einem Gewicht von einundzwanzig Pfund, wurde diese Woche vom Leuchtturmwärter in New Dorp, Staten Island, in einem Netz gefangen. In vierzig Jahren Fischerei hat der Wärter noch nie einen ähnlichen Fisch gesehen.

EINE MAMMUTQUELLE.

Die größte und wunderbarste Süßwasserquelle der Welt befindet sich an der Golfküste Floridas im Bezirk Hernando. Der Wekowechee River, ein Fluss, der groß genug ist, um einen kleinen Dampfer zu treiben, besteht ausschließlich aus Wasser, das aus dieser gigantischen natürlichen Quelle mit einem Durchmesser von 60 Fuß und einer Tiefe von 70 bis 80 Fuß sprudelt. Chemiker, die das Wasser analysiert haben, sagen, dass es keine Spur von organischen Stoffen enthält und dass es die reinste und frischeste Quelle Amerikas ist. Ein Groschen, der in die Quelle geworfen wird, kann so deutlich auf dem Grund liegen, wie er in einem Glas gewöhnlichen Brunnenwassers liegen könnte. Der Dampfer, der regelmäßig Ausflugsfahrten den Weko-wechee hinauf und hinunter unternimmt, wird oft in den Hohlraum der Quelle getrieben, kann aber nicht dazu gebracht werden, in der Mitte zu bleiben, da die Kraft des aufsteigenden Wassers ihn an den Rand des Beckens drängt. Die Quelle und die angrenzenden 2.000 Acres Land gehören zwei Kapitalisten aus Chicago, die daraus ein Vergnügungszentrum machen.

DIE GRÖSSTE QUELLE DER WELT.

In Mammoth Spring, Ark. und im Schatten der Ozark Mountains, befindet sich die größte Quelle der Welt. Das Wasser strömt in einer solchen Menge, dass es einen See um die Öffnung bildet. Die Quelle gibt täglich 29.600.000 Gallonen Wasser ab. Seit zehn Jahren werden Aufzeichnungen darüber geführt, und in dieser Zeit hat sich die Wassermenge um keine 100 Liter pro Tag und die Temperatur um kein einziges Grad verändert. Sowohl im Winter als auch im Sommer hat die Quelle immer eine Temperatur von 59 Grad. Die Quelle ist offensichtlich der Abfluss eines unterirdischen Flusses.

Die Poncho-Quellen in Colorado befinden sich alle an der Seite eines Berges, und heißes und kaltes Wasser fließt an Stellen aus dem Boden, die nicht mehr als drei Zoll voneinander entfernt sind.

SÜSSWASSER AUS EINER SALZBUCHT.

Aus der Florida Times-Union und Citizen.

Belleair, 3. März - Die Eldridge-Quelle ist eine Attraktion für die Besucher; sie liefert das Trinkwasser für das Hotel. Sie liegt draußen in der Bucht, ist aber einzementiert, um das Salzwasser fernzuhalten, und sprudelt täglich 100.000 Gallonen Wasser.

In einer unterirdischen kochenden Quelle, die in einer Mine in Nevada entdeckt wurde, wurde eine augenlose Fischart gefunden.

Die Bewegung der Erde um die Sonne beträgt 68.305 Meilen pro Stunde, also über 1.000 Meilen pro Minute oder neunzehn Meilen pro Sekunde.

EIN SELTSAMER TEICH.

Der Hicks Pond in Palmyra, Me., ist ein seltsames Gewässer. Er ist nur zwölf Hektar groß, aber mehr als 100 Fuß tief. Er hat keinen sichtbaren Zulauf, obwohl ein ziemlich großer Bach von ihm in den Sebasticook-See fließt. Das Wasservolumen wird weder durch Dürre noch durch Fröste wesentlich beeinflusst, und das Wasser ist immer kalt (Philadelphia Ledger).

WUNDER UNTER DER OBERFLÄCHE.

Arbeiter, die mit dem Abteufen eines artesischen Brunnens im Sandy Valley in der Nähe von Niria, N. M., beschäftigt waren, stießen auf ein offenes Flöz, aus dem ein kalter Luftstrom mit ausreichender Kraft strömte, um einen 12 Pfund schweren Felsen zu entfernen, der über der Öffnung lag. Die Luft war voller Millionen kleiner gelber Käfer, von denen jeder nur zwei Beine, keine Flügel und einen kleinen roten Kreis auf dem Rücken hatte. Sie überlebten nur wenige Sekunden, nachdem sie die warme Außenluft getroffen hatten. Die Wissenschaftler vor Ort rätseln noch immer über die Frage: Wie sind sie so tief in die Erde gelangt?-St. Louis Republic.

FISCHE IN EINEM ALTEN BRUNNEN.

Wie das Louisville Courier-Journal berichtet, wurden aus dem kürzlich wiedereröffneten Brunnen der US-Fischstation in San Marcos, Texas, einige merkwürdige Fische entnommen. Es handelte sich um mehrere Salamander, die zwischen anderthalb und viereinhalb Zentimeter lang waren. Diese Kreaturen leben an Land oder im Wasser, haben menschenähnliche Gesichter, Hände und Füße, einen Bulldoggenkopf, den Schwanz eines Aals und einen Fischkörper. Es gab auch eine große Anzahl von Krabben, die den Seekrabben ähneln, nur viel kleiner sind. Es handelt sich um einen artesischen Brunnen, und alle wollen wissen, woher die Kreaturen kommen.

Ein wunderbarer artesischer Brunnen ist in Huron, N.D., in Betrieb. Er wirft einen 100 Fuß hohen Strom aus, und der Durchfluss wird auf 8.000 bis 10.000 Gallonen pro Minute geschätzt.

ST. WINIFREDS BRUNNEN.

Eine der ergiebigsten Quellen Großbritanniens ist die berühmte St. Winifred's Well in der Nähe der Stadt Holywell in Flintshire. Der Brunnen ist ein längliches Viereck, etwa zwölf mal sieben Fuß groß, und sein Wasser, so sagen die Bewohner der Gegend, ist noch nie eingefroren. Letzteres mag stimmen, denn der Brunnen enthält nicht nur einen hohen Anteil an Mineralien, die den Gefrierpunkt senken, sondern befindet sich auch in einer schönen Kapelle, die von Königin Margaret, der Mutter Heinrichs VII. über dem Brunnen errichtet wurde. Die Wassermenge beträgt nicht weniger als vierundachtzig Zentner pro Minute, und die Menge scheint weder bei Dürre noch nach heftigen Regenfällen zu schwanken, was zweifellos zeigt, dass die ursprünglichen Quellen zahlreich und weit verteilt sind. Sir Winifred's ist das Ziel vieler Pilgerreisen.

MONTEZUMA'S WELL.

Eine der interessantesten natürlichen Kuriositäten im Territorium von Arizona ist das Wasserbecken, das als Montezumas Brunnen bekannt ist. Er befindet sich fünfzehn Meilen nordöstlich des alten verlassenen Militärpostens, der als Cape Verde bekannt ist. Er hat einen Durchmesser von 25 Fuß, und das klare, reine Wasser liegt etwa sechzig Fuß unter der Oberfläche des umgebenden Landes. Vor einigen Jahren loteten einige Militäroffiziere das Becken aus und stellten fest, dass es eine einheitliche Wassertiefe von achtzig Fuß aufwies, mit Ausnahme einer Stelle, die anscheinend etwa sechs Fuß im Quadrat groß war und wo die Sondierungslinie etwa 500 Fuß tief ging, ohne den Boden zu berühren.

Der Brunnen mündet in den Beaver Creek, der nur etwa 100 Meter entfernt ist. Das Wasser sprudelt aus den Felsen, als ob es unter großem Druck stünde. Der Brunnen wird zweifellos aus unterirdischen Quellen gespeist, möglicherweise durch das Loch, das die Armeeoffiziere vor Jahren gebohrt haben. Die Seiten des Brunnens sind mit Höhlen und Tunneln durchzogen, durch die man bis zum Rand des Wassers hinabsteigen kann.

Der Montezuma-Brunnen enthält keine Fische. Der Wasserfluss ist zu jeder Jahreszeit derselbe. Die landläufige Meinung hat den Ursprung des Brunnens auf vulkanische Aktivitäten zurückgeführt, aber da das ihn umgebende Gestein aus Kalkstein besteht, ist es mehr als wahrscheinlich, dass die Wirkung des Wassers für seine Entstehung verantwortlich ist.

EINE BEMERKENSWERTE INSEL.

Aus dem Pittsburg Dispatch.

Eine Landzunge, die einen Süßwassersee inmitten des Pazifiks umschließt, ist ein Novum unter den Inseln. Möglicherweise gibt es im großen Ozean nicht mehr als eine solche Insel, und auf jeden Fall ist diese Art von Insel äußerst selten. Dieses seltsame Fleckchen Erde ist Niuafou, das sich von allen anderen Inseln im Ozean unterscheidet. Sie liegt auf halbem Weg zwischen den Gruppen Fidschi und Samoa und wird von der Gruppe Tonga regiert, obwohl sie 200 Meilen von diesen Inseln entfernt ist.

Sie wurde kürzlich von Leutnant Somerville von der britischen Marine besucht. Irgendwann öffnete sich am Grund des Ozeans ein Vulkanschlot, aus dem sich die Lava immer höher auftürmte, bis sie schließlich das Meer überspülte. Es bildete sich ein großer Vulkanberg, und der Teil, der über der Wasserfläche zum Vorschein kam, war natürlich eine Insel. Im Laufe der Zeit wurde dieser Vulkan zum Schauplatz einer jener gewaltigen Explosionen, die manchmal Berge in Stücke reißen. Es war ein solcher Kataklysmus, der vor einigen Jahren die oberen 3.000 Fuß des Krakatoa wegsprengte.

Die Explosion in Niuafou hatte ein bemerkenswertes Ergebnis. Das Innere des Kraters wurde bis in eine beträchtliche Tiefe gesprengt, so dass nur der schmale Rand, in diesem Fall ein fast perfekter Ring, um den tiefen zentralen Hohlraum übrig blieb. Das ist die Insel von heute.

Tausend Tonganer leben in den fünf Dörfern, die sich entlang des äußeren Abhangs der Kraterwand befinden. Der Abfluss vom inneren Hang hat den Hohlraum teilweise aufgefüllt und einen See gebildet, dessen Wasser, obwohl leicht alkalisch, trinkbar ist. Von der Spitze des Kraterrandes aus blickt man auf den friedlichen See mit seinen drei kleinen Inseln und der seltsam geformten Halbinsel, die in ihn hineinragt, und außerhalb des Kraterrandes liegt der unendliche Ozean.

WO DAS TAL WAR, IST EIN HÜGEL.

Aus dem Chicago Record.

Seattle, Washington, 6. April - Am 27. März kam es im Gebiet von Mount Baker zu einer gewaltigen Umwälzung, die von wunderbaren Veränderungen begleitet wurde. Was einst ein Tal und das Bett eines Flusses war, ist nun ein Hügel, der sieben Meter hoch ist. Der Lärm der Umwälzung wurde in Hamilton, zehn Meilen entfernt, gehört. Ein Bericht über das Ereignis wurde von D. P. Simons Jr. in die Stadt gebracht.

Simons sagt, der Lärm der Erschütterung habe sich wie ein heftiger Donner angehört. Er und seine Gruppe, die unter Waldgebiete untersuchten, gingen in die Richtung, aus der das Geräusch kam, und waren erstaunt, einen riesigen Erdhügel von fast einer Viertelmeile im Quadrat zu sehen, wo früher ein Tal gewesen war. An einigen Stellen war der Erdhügel bis zu dreißig Meter hoch. Der Nooksachk River war von seinem Lauf abgewandt worden und lief um eine Seite eines Hügels herum. Nahezu in der Mitte dieses hohen Erdwalls befand sich ein großer See. Früher war das Gelände von einem Wald bedeckt gewesen, und die Bäume, die der Zerstörung entgangen waren, ragten über das Wasser hinaus. Hier und da wies der Hügel Risse auf, die groß genug waren, um ein Pferd und einen Wagen zu verschlingen. Es lag ein Schwefelgeruch in der Luft, und Herr Simons hatte den Eindruck, dass die Störung durch Gase unterhalb des Berges verursacht wurde.

William Hadley, ein Trapper, dessen zerstörte Hütte jetzt in der Mitte des riesigen Hügels steht, war zum Zeitpunkt des Aufruhrs abwesend und entging so dem Tod. Seine Hütte wurde in zwei Teile gespalten.

BEMERKENSWERTE GEOLOGISCHE ENTDECKUNG.

Nach Angaben einer Zeitung aus Florida wurde dort eine bemerkenswerte geologische Entdeckung gemacht. Im Galena Advocate heißt es: "Als P. M. Oliver in Begleitung von und einer Reihe von Freunden am vergangenen Samstagabend einen Fuchs durch sein Feld in der Nähe von Payne's Prairie jagte, rannte sein Pferd in eine Senke, und als er das Tier am Sonntagmorgen herausholte, wurde er auf die zahlreichen merkwürdigen petrologischen Formationen an den Seiten der Senke aufmerksam. Bei einer weiteren Untersuchung am Montag wurden riesige Schichten mit versteinerten Knochen des inzwischen ausgestorbenen Dinotherium giganteum, Ictyosaurus, Glyptodon, Cuvieri, Plesiosaurus und Peterodactylus entdeckt. Dies ist wahrscheinlich der reichste Fund der Welt und war ein reiner Zufall."

TUNNELBAU FÜR WASSER.

LEUTE IN IDAHO, DIE IHRE BRUNNEN IN EINEN NEBENHÜGEL LEITEN.

Die Bürger von Sweet, Canyon County, Idaho, haben eine neuartige Möglichkeit der Wassergewinnung für Haushalts- und Bewässerungszwecke. Das Wasser wird mit Hilfe von Brunnen, die wie Tunnel geführt werden, aus dem Berghang gegraben und nicht wie herkömmliche Brunnen in die Erde getrieben. Östlich der Stadt gibt es einen Steilhang, aus dem sprudelndes Gebirgswasser fast überall gewonnen werden kann, indem man einfach einen Tunnel von zwanzig bis vierzig Fuß in die Erde bohrt.

An einer Stelle in der Stadt fließt aus dem 40 Fuß langen Tunnel ein Strom, der ausreicht, um einen schönen Obstgarten und einen Garten zu bewässern, und der außerdem reichlich Wasser für den häuslichen Gebrauch und zum Tränken aller Gespanne liefert, die diesen Weg passieren. Weder die Frühjahrsfrische noch die sommerliche Dürre beeinträchtigen seine Strömung.

DER KOCHENDE SEE VON DOMINICA.

EINE NATÜRLICHE KURIOSITÄT, DIE ERST 1875 ENTDECKT WURDE.

Herr Sterns-Fadelle aus Dominica hat soeben ein kleines Buch veröffentlicht, das einige interessante Informationen über ein seltsames Naturphänomen auf Dominica, einer der Kleinen Antillen, enthält.

Diese Insel hat eine Fläche von nur 291 Quadratmeilen. Jahrhundert von den Spaniern kolonisiert und später von französischen Auswanderern bevölkert, die die Insel bis zum 18. Jahrhundert ununterbrochen beherrschten, und ihre Ressourcen wurden seither von Engländern und Franzosen ausgebeutet; und doch hatte man bis vor achtundzwanzig Jahren noch nie etwas von der natürlichen Neugierde im nördlichen Teil der Insel gesehen oder gehört.

Dies kann nur dadurch erklärt werden, dass die Umgebung des kochenden Sees von Dominica schwer zugänglich ist. Der See wurde von einem Engländer, Dr. Nichols, entdeckt, der eine Expedition organisierte, um den unbekannten Teil der Insel zu erkunden.

Eines Tages kletterte seine kleine Gruppe auf einen Berg. Plötzlich stießen sie auf Schwefelspuren und blickten einen Moment später in einen Krater hinab, der mit kochendem Wasser gefüllt war.

Erstickende Dämpfe stiegen von der aufgewühlten Oberfläche auf, Donnergrollen kam aus den unterirdischen Regionen, und in der Nähe der Mitte des kleinen Sees, wo das Wasser am heftigsten aufgewühlt war, hob das wütende Sieden die Oberfläche zehn oder zwölf Fuß über den allgemeinen Pegel. Der See wurde ständig von mehreren kleinen Bächen gespeist, die von den Höhen oberhalb des Kraters herabstürzten.

Herr Sterns-Fadelle sagt, dass der See immer noch kocht. Es wurde festgestellt, dass er sich auf einer Höhe von 2.490 Metern über dem Meeresspiegel befindet. Die Form des Sees ist elliptisch.

Wenn sie mit Wasser gefüllt ist, ist sie etwa 200 Fuß lang und weniger als 100 Fuß breit. Seine Tiefe ist unbekannt. Es wurde versucht, dreißig Fuß von der Wasserkante entfernt den Boden zu berühren, wo in einer Tiefe von 195 Fuß kein Grund gefunden wurde.

Das Wasser ist nicht immer in Bewegung. Zu bestimmten Zeiten ( ) ist die Oberfläche ruhig und glitzert unter den Sonnenstrahlen herrlich.

Zu anderen Zeiten ist es heftig aufgewühlt und kocht vor sich hin, genau wie ein großer Teekessel. Aber anstelle des Gesangs, der das Brodeln im Teekessel begleitet, wird die kochende Flüssigkeit in diesem Kessel von den schroffsten und unangenehmsten Detonationen begleitet. Kleine Wellen rollen auf den schmalen Sandstrand, der mit einem Schwefelschleier bedeckt ist.

Der kochende See ist das Zentrum der gegenwärtigen vulkanischen Aktivität des Grande Souffrière oder Diabolin, eines Berges mit einer Fläche von etwa fünf Quadratmeilen. Der See ist eines der letzten Überbleibsel der vulkanischen Energie des großen Berges, der in der Vergangenheit keine großen Ausbrüche mehr erlebt hat.

DER SIEBENJÄHRIGE AUFSTIEG DES CICOTT-SEES.

DAS INDIANA-PHÄNOMEN TAUCHT PÜNKTLICH AUF.

Indianapolis, 1. August - Der Cicott-See, ein kleines Gewässer in Cass County, hat jetzt eine Höhe erreicht, die er nur alle sieben Jahre erreicht, und Hunderte von Hektar feines Maisland sind von mehreren Metern Wasser bedeckt, da weder ein Abfluss noch ein Zufluss zu sehen ist. Die ländliche Postroute, die entlang des Seeufers verläuft, wurde vom Zusteller aufgegeben, da das Wasser sie bis zu einer Tiefe von drei Fuß bedeckt und sich darüber hinaus über mehrere hundert Meter ausdehnt.

Der Cicott-See ist seit vielen Jahren ein interessantes Phänomen für die Menschen im nördlichen Indiana, aber das Geheimnis seines Aufstiegs und Niedergangs wurde nie entdeckt. Er ist der einzige See in Cass County und ist etwa eine Meile breit und eine Meile lang. Das Wasser ist klar, kalt und vollkommen frisch. Sein mysteriösestes Merkmal ist die Tatsache, dass er jedes siebte Jahr über die Ufer tritt. Die Farmer, denen das Land an seinen Ufern gehört, haben sich so sehr daran gewöhnt, dass sie nie versuchen, das Land im siebten Jahr zu bewirtschaften, sondern es ohne Protest aufgeben, da sie wissen, dass es mit Sicherheit vom Wasser beansprucht werden wird.

Die Pottawattomie-Indianer, die das heutige Cass und die angrenzenden Bezirke bewohnten, waren mit den Eigenschaften des Sees vertraut. Sie glaubten, dass sein Grund von einem mächtigen Geist bewohnt wurde, der den See in Abständen von sieben Jahren zum Überlaufen brachte. Sie deuteten diese Handlung als Zustimmung des Geistes zu ihrem Stamm und warteten gespannt auf die nächste Zeit, denn sie sahen in dem steigenden Wasser ein sicheres Zeichen dafür, dass sie nichts getan hatten, was dem Geist missfiel. Die frühen weißen Siedler lernten die Legende kennen, und der älteste Einwohner kann sich nicht an eine Zeit erinnern, in der der Überlauf nicht zum erwarteten Zeitpunkt stattfand.

Das Wasser hat jetzt seinen höchsten Stand erreicht und wird bald wieder zurückgehen, bis die alten Grenzen erreicht sind. Die Anwohner sagen, dass die Wetterbedingungen keinen Einfluss auf den See haben, da sein Anstieg im siebten Jahr unabhängig von Regen oder Dürre stattfindet. Amos Jordan, ein Bürgerkriegsveteran, der auf einer Klippe mit Blick auf den See lebt, sagt, der einzige offensichtliche Unterschied zwischen Regen- und Trockenzeit, wenn der See ansteigt, sei, dass das Wasser in Zeiten der Trockenheit kälter zu sein scheint. Was für den Anstieg des Wassers gilt, gilt auch für seinen Rückgang, denn es verschwindet allmählich, unabhängig von der Niederschlagsmenge in der Region.

Das Phänomen wird mit der Theorie erklärt, dass es einen unterirdischen Abfluss gibt, der auf irgendeine Weise verschlossen wird und sich durch den Druck des Wassers öffnet, wenn der höchste Punkt jedes siebte Jahr erreicht wird; dies ist jedoch eine reine Vermutung, und es wurde nie etwas entdeckt, was eine solche Theorie rechtfertigen würde. Die Pennsylvania Railroad Company, die eine Reihe von Eishäusern am Rande des Sees besitzt, hat vor Beginn des Anstiegs an verschiedenen Stellen Sondierungen vorgenommen und festgestellt, dass die größte Tiefe neunzig Fuß beträgt.

Hunderte weiterer solcher Ausschnitte wurden in einem Buch aufbewahrt, in dem ähnliche Phänomene überall auf der Erde beschrieben werden, die alle durch die hier dargelegten Behauptungen lösbar zu sein scheinen, und zwar durch die kombinierten Einflüsse von Reibung und vulkanischer Hitze und den gelegentlichen Kontakt mit ausströmenden Strömen aus dem inneren Ozean aus Süßwasser.

ENDE.

BUCHTIPPS

Armageddon 2419 AD

Deutschsprachige Ausgabe Autor: Nowlan, Phillip Frances Die Erzählung Armageddon 2419 A.D beschreibt eine endzeitliche Katastrophe im Amerika des 25. Jahrhunderts. Das ganze Land wurde von den Chaaren Han erobert. Die Han besitzen eine hochentwickelte Technologie und haben große Fluggeräte mit Desintegrator-Strahlenwaffen, die tödlich wirken. Von Zeit zu Zeit fallen sie in das amerikanische Land ein, um die ...

Auf kühnem Flug zum Mars

Eine kosmische Erzählung. Autor: Valier, Max. MAX VALIER war nicht nur einer der bedeutendsten deutschen Raketenexperimentatoren und -enthusiasten, sondern auch der erste Mensch, der sein Leben der Raketentechnik widmete. Sein Tod im Sommer 1930 durch die Explosion eines Sauerstofftanks bei einem Test war ein schwerer Schlag für die Raketenpioniere. Die vorliegende Geschichte schrieb er kurz vor seinem ...

Conan der Legendäre: Der Schwarze Koloss

Autor: Howard, Robert E. „Der schwarze Koloss“ ist eine der originalen Geschichten mit dem fiktiven Schwert- und Zaubereihelden Conan dem Legendären, geschrieben vom amerikanischen Autor Robert E. Howard und erstmals im Juni 1933 in der Zeitschrift Weird Tales veröffentlicht. Die Geschichte spielt im pseudohistorischen Hyborianischen Zeitalter. Das winzige Königreich Khoraja – mit einer gemischten hyborianischen / schemitischen ...

Conan der Legendäre: Der Schwarze Zirkel

Autor: Howard, Robert E. „Der Schwarze Zirkel“ (The People of the Black Circle) ist eine der Original-Novellen über Conan dem legendären Barbaren, geschrieben vom amerikanischen Autor Robert E. Howard und erstmals in der Zeitschrift Weird Tales in drei Teilen in den Ausgaben vom September, Oktober und November 1934 veröffentlicht. Die Geschichte spielt im pseudohistorischen Hyborianischen Zeitalter und ...

Conan der Legendäre: Rote Nägel

Autor: Howard, Robert E. „Rote Nägel“ ist eine der seltsamsten Geschichten, die je geschrieben wurden – die Geschichte eines barbarischen Abenteurers, einer Piratenfrau und einer verschollenen unheimlichen Stadt, die von dem eigentümlichsten Volk der Menschheit bewohnt wurde ... Es ist die letzte der originalen Geschichten über Conan den Legendären Kimmerier, die der amerikanische Autor Robert E. ...

Conan der Legendäre. Jenseits des Schwarzen Flusses

Autor: Howard, Robert E. „Jenseits des Schwarzen Flusses“ (engl. „Beyond the Black River“) ist eine der originalen Geschichten über Conan den Kimmerier, geschrieben vom amerikanischen Autor Robert E. Howard und erstmals veröffentlicht in der Zeitschrift Weird Tales, Mai-Juni 1935. Die Geschichte spielt in Conajohara, einer neu gegründeten Provinz in Aquilona. Balthus, ein junger Siedler auf dem Weg ...

Das Höhlenmädchen und der Höhlenmann

Vom Autor der Tarzan Geschichten Autor: Burroughs, Edgar Rice Das blaublütige Muttersöhnchen Waldo Emerson Smith-Jones wird während einer Südseereise über Bord gespült. Er findet sich auf einer unbekannten Dschungelinsel wieder. Da er ein Feigling ist, hat er vor allem Unbekannten Angst und seine Erziehung hat ihn nicht darauf vorbereitet, im Dschungel zu überleben. Als er primitiven, mordlustigen ...

Das Kristall-Ei

und Eine Terrornacht / Operation in der vierten Dimension / In der Raumzeit verirrt. Autor: Wells, H.G.; Breuer, Miles J.; Zagat, Arthur Leo Dieses Buch enthält unter anderem eine gewaltige Geschichte von einem der größten Wissenschaftsautoren. Es ist eine Geschichte, die Sie bis zum Ende raten lässt – eine Geschichte, die Ihnen noch viele Jahre später in ...

Das rote Zimmer

und Der neue Nervenbeschleuniger / Das Ding von – „Draußen“ / Die Farbe aus dem All Autor:Wells, H.G.; England, G. A.; Lovecraft, H.P. Ein ungenannter Protagonist und Erzähler beschließt, die Nacht in einem angeblich gespenstischen Raum zu verbringen, der im lothringischen Schloss knallrot gefärbt ist. Er beabsichtigt, die Legenden, die ihn umgeben, zu widerlegen. Trotz der vagen ...

Das unvergängliche Gespenst

Berühmte moderne Geistergeschichten. Autor: Scarborough, Dorotha. Gespenster sind die wahren Unsterblichen, und die Toten werden immer lebendiger. Die Geister sind heute lebendiger und viel zahlreicher als je zuvor, und die Menschen interessieren sich mehr für sie. Es gibt Personen, die behaupten, mit bestimmten Geistern bekannt zu sein, mit ihnen zu sprechen, mit ihnen zu korrespondieren, und sogar ...

Der Mann, der Wunder vollbringen konnte

und Der Maschinenmensch von Ardathia / Der Todesstaub / Der Gesandte der Aliens Autor: Wells, H.G.; Flagg, Francis; Zagat, Arthur Leo; Jameson, Malcolm Die Titel-Geschichte ist ein Beispiel für die große zeitgenössische Fantasy.Sie stellt als Fantasy-Prämisse (einen Zauberer mit enormer, praktisch unbegrenzter magischer Kraft) nicht in eine exotische, halbmittelalterliche Kulisse, sondern in den tristen Routinealltag des Londoner ...

<u>Der Maschinenfresser</u>

und Die Frauen des Waldes, Der schreckliche Alte, Die Braut des Verrückten Autoren: Weinbaum, Stanley G.; Merritt, Abraham; Zagat, Arthur Leo; Lovecraft, H.P. Wer ist der größte Wissenschaftler, der je gelebt hat? Einstein? Galileo? Edison? Es ist van Manderpootz! – Das gibt er sogar selbst zu. in der Titelgeschichte geht es um die Verbindung von Dixon Wells, einem ...

<u>Der schreckliche Gott Taa</u>

und Die Pilzvergiftung, Satan geht zum Angriff über, Jenseits des Zeittors Autor: Wells, H.G.; Jameson, Malcolm; Zagat, Arthur Leo; O'Brien, David Wright Die Titel-Geschichte „Der Schreckliche Gott Taa" stammt vom amerikanischen Schriftsteller Malcolm Jameson. „Die großen Bleichgesichter der Erde brachten den Schrecken zum friedlichen Planeten Arania – sie versklavten seine Bewohner und beraubten ihn seiner Schönheit. Aber das ...

<u>Die Dreißig Grenze</u>

oder Der verlorene Kontinent vom Autor der Tarzan Geschichten. Autor: Burroughs, Edgar Rice. Der Autor stellt sich eine Zukunft im dreiundzwanzigsten Jahrhundert vor, in der die westliche Hemisphäre den Kontakt mit dem Rest der Welt abbricht und es verboten ist, den dreißigsten Längengrad nach Osten zu überqueren. Im Jahr 2237 ist der Leutnant der Pan-American Navy, Jefferson ...

<u>Die Farm der Tiere</u>

Eine Vision über bedenkliche gesellschaftliche Entwicklungen. Autor: Orwell, Georg. Eines Nachts versammeln sich alle Tiere vom „Herrenhof" in der großen Scheune, um Old Major zu lauschen. Der preisgekrönte alte Eber hatte einen Traum, in dem die Tiere der Farm das Joch der Unterdrückung abschütteln und nicht mehr nur für den unfähigen und ständig betrunkenen Bauer Jones arbeiten ...

<u>Die junge Mondfrau</u>

Mondepos vom Autor der Tarzan Geschichten. Autor: Burroughs, Edgar Ric. Im zweiundzwanzigsten Jahrhundert kommt Admiral Julian der Dritte nicht zur Ruhe, denn er kennt seine Zukunft. Er wird im darauffolgenden Jahrhundert als sein Enkel Julian der Fünfte wiedergeboren. Dort ist Julian der Kommandant eines Raumschiffs, das zum Mars aufbricht. Aufgrund eines technischen Defekts muss sein Raumschiff jedoch ...

<u>Die verlorene Welt</u>

Abenteuerroman. Autor: Doyle, Conan. Der Titel ‚Die verlorene Welt' ist der Band 9 in der Buchreihe ‚Historical Diamond'. Der britische Autor Sir Arthur Ignatius Conan Doyle war Arzt. Seine Praxis in Southsea/Portsmouth ließ

ihm aber genügend Zeit noch Romane zu schreiben. Bekannt sind seine Sherlock-Holmes-Geschichten. Neben Kriminalgeschichten schrieb er Abenteuerromane. In dieser Buchreihe werden die Juwelen bedeutender ...

<u>In der Tiefe</u>

und Flug zum Titan / Eine Herberge der Hölle / Freddie Funks verrückte Meerjungfrau. Autor: Wells, H.G.; Weinbaum, Stanley G.; Zagat, Arthur Leo; Yerxa, Leroy Die Titel-Geschichte „In the Abyss (In der Tiefe)" stammt vom englischen Schriftsteller H. G. Wells. Sie beschreibt eine Reise des Forschers Elstead zum Meeresgrund. Dieser hat einen Apparat erfunden, mit dem eine ...

<u>John Carter – Der Riese und die Gelben vom Mars</u>

vom Autor der Tarzan Geschichten. Autor: Burroughs, Edgar Rice. Die Saga um John Carter vom Mars bzw. der Barsoom- oder Mars-Zyklus ist eine der bekanntesten und auch beliebtesten Science-Fiction-Buchreihen des Tarzan-Autors Edgar Rice Burroughs. In der ersten Geschichte Der Riese kämpft John Carter gegen Riesenratten, Baumreptilien und bösen Rivalen um Macht und Liebe auf dem exotischen Planeten Barsoom ...

<u>John Carter – Die Hölle von Baarsoom</u>

vom Autor der Tarzan Geschichten. Autor: Burroughs, Edgar Rice. Die Saga um John Carter vom Mars bzw. der Barsoom- oder Mars-Zyklus ist eine der bekanntesten und auch beliebtesten Science-Fiction-Buchreihen des Tarzan-Autors Edgar Rice Burroughs. In der Titelgeschichte „Die Hölle von Barsoom" geht es um Menschen, die seit einer Million Jahre auf dem exotischen Planeten Barsoom (unserem Mars) tot ...

<u>John Carter – Knochenmänner und die unsichtbaren vom Mars</u>

Vom Autor der Tarzan Geschichten. Autor: Burroughs, Edgar Rice. Die Saga um John Carter vom Mars bzw. der Barsoom- oder Mars-Zyklus ist eine der bekanntesten und auch beliebtesten Science-Fiction-Buchreihen des Tarzan-Autors Edgar Rice Burroughs. In der Geschichte „Die Unsichtbaren vom Mars" geht es um eine der gefährlichsten Situationen für John Carter. Nirgendwo auf dem Mars war der Held ...

<u>Tarzan und das Gold von Opar</u>

Die Rache der Hohepriesterin La. Autor: Burroughs, Edgar Ric. Tarzan kehrt nach Opar zurück, der Quelle des Goldes, wo sich eine vergessene Kolonie des sagenumwobenen Atlantis befand, weil er einige finanzielle Rückschläge, die er kürzlich erlitten hat, wieder gutmachen will. Während Atlantis selbst vor Tausenden von Jahren in den Fluten versank, bauten die Menschen von Opar weiterhin ...

"Wir" spielt im "Nummern-Einheitsstaat", einem durch eine hohe Mauer geschützten futoristischen Polizeistaat mit Menschen, die als Nummern bezeichnet werden. Heerscharen von "Beschützern" wachen über das "Wohl" der Nummern, deren Leben bis zum kleinsten Handgriff reglementiert ist. Der Einzelne zählt nicht, was zählt, ist das Kollektiv. Individualität wird nicht geduldet. Wer sich nicht regelkonform verhält, wird öffentlich hingerichtet.

Wie die anderen lebt D-503, der Konstrukteur der Rakete Integral, aus Überzeugung regelkonform. Bei einem Spaziergang lernt er eine Frau namens I-330 kennen, deren Verhalten nach den offiziellen Regeln höchst illegal ist. Nach und nach enthüllt ihm I-330, dass sie mit den MEPHI zu tun hat, einer Organisation, die den Umsturz des Systems anstrebt. Das stürzt D-503 in einen heftigen inneren Konflikt.

"Wir" (1921) beeinflusste das Aufkommen der Dystopie als literarisches Genre. George Orwell behauptete, dass Aldous Huxleys "Schöne neue Welt" von 1931 zum Teil von "Wir" abgeleitet sein müsse. Ayn Rands "Anthem" (1938) weist ebenfalls viele signifikante Ähnlichkeiten mit "Wir" auf. Robert Russell kommt zu dem Schluss, dass "1984 so viele Züge mit Wir gemeinsam hat, dass es keinen Zweifel an der generellen Verwandtschaft mit Wir geben kann".

Diese neue Übersetzung von "Wir" ist ein Werk, das man gelesen haben muss.

Wir

Untertitel: oder "Lang lebe der Nummern-Einheitsstaat" - Neuübersetzung
Autor: Samjatin, Jewgeni Iwanowitsch
Medium: Buch, E-Book
Buch-ISBN: 9783755756316
E-Book-ISBN: 9783755721086